菅沼光弘
元公安調査庁調査第２部長
Suganuma Mitsuhiro

アメリカが今も恐れる軍事大国ニッポン

「緊迫する東アジア 核ミサイル防衛の真実」

SEIKO SHOBO

緊迫する東アジア安全保障情勢――「まえがき」に代えて

今年（2016年）に入って、隣国・朝鮮民主主義人民共和国（北朝鮮）の核実験とミサイル発射実験が毎月のように行われだしました。防衛省発表の「2016年に行われた北朝鮮によるミサイル発射について」(http://www.mod.go.jp/j/approach/surround/pdf/dprk_bm_20160909.pdf)という資料には、1月6日の4回目の水爆の核実験から始まり、9月5日の弾道ミサイル3発の発射実験まで、18件の実験が「挑発事案」として一覧表に掲げられています（5頁参照）。特に、米韓合同軍事演習が韓国とその周辺海域で行われていた3月と4月には毎週のようにミサイル発射実験が繰り返されました。

そして、この防衛省の資料発表直後の9月9日、北朝鮮の建国記念日に、第5回目の核実験を行いました。これは、これまでの4回の核実験と同じく、北東部の咸鏡北道吉州郡豊渓《プンゲ》里《リ》周辺で行われたものです。北朝鮮の発表によると、今回の実験は小型化した核弾頭の威力判定のための核爆発実験だったということで、国際社会に衝撃が走りました。弾頭は「ブースト型」という見立ても出ていますが、各国の核弾頭と同じ水爆だった可能性が高い。

安倍首相は、即日、北朝鮮の脅威は「新たな段階に入った」と、断固抗議の声明を発表し、国連の安全保障理事会は北朝鮮に対する緊急制裁措置の協議に入りました。のみならず、米軍は、戦略爆撃機B52を韓国に緊急派遣し、アメリカ国内では北朝鮮への先制攻撃論が大きく取沙汰されています。まさに、風雲急を告げるように、東アジア情勢は激震しています。

少し、落ち着いて、直近の経緯を振り返ってみましょう。

2016年8月24日、北朝鮮の潜水艦発射弾道ミサイル（SLBM）が1発、咸鏡南道新浦付近の海域から発射され、約500キロ飛行し、日本の防空識別圏の約80キロ内側の海上に落下しました。これは、軍事的には、アメリカの先制攻撃に対して、北朝鮮が自分たちは第2撃能力（報復攻撃能力）を持っている、とアピールしたことを意味します。これについては後ほど詳しくお話ししましょう。

そして次は9月5日に、「ノドン」と見られる弾頭ミサイルを日本の排他的経済水域に3発撃ち込んできました。これが日本に与えた衝撃はかなりのものでした。なぜなら、3発まとめて撃ち込んでこられると、これはなかなか容易には防衛できません。ミサイルの迎撃は

2016年に行われた北朝鮮による挑発事案

（2016.9.8時点）　核実験　弾道ミサイル発射

日付	挑発の概要	場所	弾種	飛翔距離
16.01.06	4回目の核実験を実施	豊渓里(プンゲリ)	—	—
16.02.07	「人工衛星」と称する弾道ミサイルを発射	東倉里(トンチャリ)	テポドン2派生型	約2,500km（2段目落下地点）
16.03.03	短距離発射体6発を発射	東岸・元山(ウォンサン)付近	300ミリ多連装ロケット（可能性）	約100～150km
16.03.10	弾道ミサイル2発を発射	西岸・南浦(ナンポ)付近	スカッド（推定）	約500km
16.03.18	弾道ミサイル1発を発射	西岸・粛川(スクチョン)付近	ノドン（推定）	約800km
16.03.21	短距離発射体5発を発射	東部・咸興(ハムフン)南方	300ミリ多連装ロケット（可能性）	約200km（韓国合同参謀本部）
16.03.29	短距離発射体1発を発射	元山(ウォンサン)付近	300ミリ多連装ロケット（可能性）	約200km（韓国合同参謀本部）
16.04.01	短距離地対空ミサイル3発（内2発は失敗）を発射	宣徳(ソンドク)付近	短距離地対空ミサイル（KN-06）（可能性）	約100km（韓国報道）
16.04.15	弾道ミサイル1発を発射	東岸地域	ムスダン（指摘）	不明
16.04.23	潜水艦発射弾道ミサイル（SLBM）1発を発射	新浦(シンポ)沖	SLBM（推定）	約30km（韓国合同参謀本部）
16.04.28	「ムスダン」と推定される弾道ミサイル2発を発射	元山(ウォンサン)	ムスダン（推定）	不明
16.05.31	中距離弾道ミサイル（IRBM）1発を発射	元山(ウォンサン)	ムスダン（可能性）	不明
16.06.22	「ムスダン」と推定される弾道ミサイル2発を発射	元山(ウォンサン)	ムスダン（推定）	1発目：約100km（最大） 2発目：約400km
16.07.09	潜水艦発射弾道ミサイル（SLBM）1発を発射	新浦(シンポ)沖	SLBM（推定）	数km（韓国報道）
16.07.19	弾道ミサイル3発を発射	西岸・黄州(ファンジュ)付近	スカッド又はノドン（可能性）	1発目：約400km 3発目：約500km
16.08.03	「ノドン」と推定される弾道ミサイル2発を発射	西岸・殷栗(ウンニュル)付近	ノドン（推定）	約1,000km（1発は発射直後に爆発）
16.08.24	潜水艦発射弾道ミサイル（SLBM）1発を発射	新浦(シンポ)付近	SLBM（推定）	約500km
16.09.05	弾道ミサイル3発を発射	西岸・黄州(ファンジュ)付近	スカッド又はノドン（可能性）	約1,000km

※以上、http://www.mod.go.jp/j/approach/surround/pdf/dprk_bm_20160909.pdfから

このあと、

2016年9月9日 第5回目の核実験を実施

場所は豊渓里（プンゲリ）

1発でも相当たいへんなのです。

しかも、その精度が高かったのです。以前も北朝鮮は、例えば、2006年7月5日、ロシアのウラジオストック沖にスカッドやノドン、あるいはテポドン2など5、6発を撃ち込んできました。ものの見事に直線で、きれいに間隔をあけて撃ち込んできました。ですから、北朝鮮のミサイルはかなり前から正確だったのです。

そして、今回、3発「同時」に発射して、撃ち込んできた。それを世界に披露した。発射されたのは、固定式の発射台ではありません。高速道路上を移動する移動式の発射台です。ですから、日本も米国も、事前にキャッチできませんでした。実際に発射されると、赤外線が出ますから、衛星でもキャッチできるのですが、発射される前はまったくわからなかったのです。

それまでは、北朝鮮が自ら「発射実験をやる」と事前に通告していたり、そもそも固定式の発射台からの発射でしたから、衛星ですべて捉えられていました。それが、今度は、移動式の発射台からの発射でしたから、事前にキャッチできなかった。しかも、3発同時に発射されて、飛んできたものですから、関係国はたまげたのです。

ということで、この間の一連の実験で、北朝鮮は、これでもかこれでもかという具合に、「もう我々はミサイルを実戦配備できるのだ、いや、もうしているのだ。なめるなよ」と、

2016年8月24日、潜水艦発射のSLBM発射実験の韓国での速報ニュース
［AFP］

2016年9月5日、移動式の発射台から発射されたとみられるノドン
［AFP＝時事］

こう誇示したのです。

なぜか。9月9日の5回目の核実験も含めて、北朝鮮がこれら一連の実験をなんのためにやっているのか。ここをよく考えてみないといけません。

9月8日から13日までアントニオ猪木参議院議員が北朝鮮を訪問しました。この間、9日には5回目の核実験がありました。猪木はそこで李洙墉《リスヨン》という、前の外務大臣で、いま北朝鮮外交をすべて統括している人ですが、労働党の政治局員であり、中央委員会副委員長であるこの李洙墉に平壌《ピョンヤン》で会いました。猪木が今回の核ミサイル実験のことを聞くと、李洙墉が「あれは日本に向けたものではありません。米国に向けて開発したものです」と言いました。猪木は帰国して、菅《すが》官房長官にそう報告しようとしていたのですが、官房長官は、その前に猪木の発言が北朝鮮の中央通信に報道されてしまったものだから、「この時期にあんな国に行くのはけしからん」と言って怒りました。

李洙墉の言葉はまさにその通りだと思うのです。なぜ、こんなに焦っているかのように、北朝鮮はこの時期、次々にミサイル発射実験や、核実験を行ったのか。これは、今年の1月の核実験の後、3月から4月にかけて、米国が韓国と一緒に合同軍事演習を行いました。そのときの作戦の名前が「斬首作戦」なのです。正式の名称はオペレーションプラン「501

5」ですが、別名「斬首作戦」です。金正恩の首を斬るという意味です。先ほども述べましたが、9月13日、グアム島から、B1Bという、B52の後継の戦略爆撃機がグアムから韓国に派遣されてデモンストレーションをやりました。しかし、一番の問題は、3月と4月の米韓合同軍事演習のときに展開されていたのが、B1Bだけではなかったということです。B2というステルス爆撃機が同時に投入されていました。この爆撃機は、北朝鮮のレーダーは当然のこと、中国のレーダーにも、ロシアのレーダーにも、まったく映らない。つまり、いつ来たかも、いつ帰ったかもまったくわからない。こういうB2ステルス爆撃機を合同軍事演習のときに大動員していたのです。1機や2機ではないのです。米軍は10機くらい持ってきた。

それから、これはもうあまりに高額なのでお蔵入りになりそうだったF22ラプターというアメリカの戦闘爆撃機があります。これもステルスです。米軍はこれも動員した。これらの爆撃機や戦闘爆撃機の特徴は、先制攻撃用であるということです。

それから、米国にはさまざまな特殊部隊が存在します。例えば、オサマ・ビン・ラディンを殺したのは海軍の「シールズ」という特殊部隊です。この「シールズ」をはじめ、陸軍には「グリーンベレー」というのがある。海兵隊、その他の特殊部隊もある。「シールズ」は秘かに潜水艦に乗って、北朝鮮の海岸近くまで行って、そこから夜陰に乗じて上陸していく。そして、内陸地に入り込んでいって、例えば金正恩がいる建物がわかれば、そこを急襲して、オサマ・ビン・ラディンが暗殺されたときと同じようなことをする部隊です。それと同じような部隊を韓国もつくっています。これとの合同演習をやって、さまざまな上陸作戦の準備をしている。普通、そういう特殊部隊が来ているということは、どこにも発表されません。特殊部隊の存在なんて、通常はどこにも発表されないのです。ところが、今回はこれみよがしに、これだけの特殊部隊が来たということを発表し、北朝鮮を脅かしたのです。

これを北朝鮮はじっと見ていたわけです。アメリカの有名なシンクタンクに「ストラトフォー」(Stratfor)というのがあります。ジョージ・フリードマンという、元ＣＩＡの上級分析官が主宰しています。このシンクタンクは、そんじょそこらのシンクタンクではなくて、言うなれば、ＣＩＡとペンタゴンのために、さまざまな作戦計画を立案するシンクタンクなのです。

そして、イラク戦争の際の米軍の攻撃の半年前に、このストラトフォーが、今度の攻撃はこんなふうになるはずだ、と全貌を予想した。そうしたら、その予想通りに米軍は攻撃した。こういうことがかつてあった。そしていま、このストラトフォーが、米韓合同軍事演習のあと、5月下旬に、北朝鮮の核の脅威を除去する先制攻撃は、このような形で行われるという予測を発表したのです。

そのときに発表したものと、米韓合同軍事演習の内容がほとんど一緒になっていたのです。その内容は、まず最初に、B2ステルス爆撃機10機以上。それから、F22ラプター、ステルス戦闘爆撃機を24機、秘かに北朝鮮上空に投入する。B2爆撃機に何が積まれているかというと、一つは900キログラムもある、GBU-31誘導爆弾です。これをそれぞれが16発。それから、有名なバンカーバスターGBU-57。地下60メートルまで貫通する爆弾です。これをそれぞれが2発以上積んで発進するというのです。そして、F22ラプター戦闘爆撃機も、400キログラムのGBU精密誘導弾をそれぞれ2発ずつ持って、一斉に北朝鮮の標的に向かって発進するという作戦です。

ところが、このバンカーバスターも、イラク戦争のときに米軍は投入したのですが、それでも地下にいたサダム・フセインを殺せなかったのです。イラクは砂漠です。北朝鮮の地盤は堅い岩盤です。バンカーバスターは60メートルの地下でも貫通できる爆弾です。しかし、この北朝鮮の堅い岩盤を砕けるのか。しかも、金正恩はどこに隠れているのかわからないのです。それを攻撃して、金正恩の首を斬ることが本当にできるのか。

さらに、それに合わせて、巡航ミサイルトマホークを積載するオハイオ級の原子力潜水艦がグアムのあたりにいます。例えば「ミシガン」などです。これが、日本海、あるいは東シナ海のあたりに2~4隻進出する。しかし、これらの原子力潜水艦が積んでいるトマホークはすべて、核弾頭も積める精密誘導ミサイルです。それが一斉に300発、発射される。さらに、海上に浮かんでいるイージス艦もトマホークを打ち込むと言っているのです。こちらは600発です。これだけの爆弾やトマホークが、あの小さな北朝鮮の領土に撃ち込まれると、いったいどういうことになるのか。もう木端微塵になるでしょう。しかし、それでも金正恩を殺せるのか、確実に殺せるという保証はどこにもないのです。殺せなければ、指揮・命令系統は崩壊しませんから、北朝鮮は生き残った核弾頭を米軍基地へ撃ち込むことになるのです。

ストラトフォーが出した予測というのは、そういう中身でした。それに対して、北朝鮮は外務省声明などを通じて猛烈に反発したのです。

その前、オバマ大統領が、4月26日に重大な発言をしています。米韓軍事演習がちょうど終わる頃です。ドイツ訪問中のオバマ大統領が、CBSテレビのチャーリー・ローズというインタビュアーとの遠隔インタビューに答えて、「北の政権を倒すことができる兵器を我々は持っている。しかし、これを使うと、多くの犠牲者を出すだけではなくて、友邦である韓国がたいへんな犠牲を払うことになる。だから、そういう先制攻撃はできない」とこう言いました。

それはそうです。核爆弾1発でソウルの市民62万人が死ぬと言われているのですから。

しかし、北朝鮮は、その後の動きを見ていると、どうもそのオバマ発言を信用していないようです。そして、米軍はまた今回の核実験のあと、B52を持ってきて、北朝鮮威嚇をやり始めたわけです。北朝鮮にしてみれば、やはりな、という感じでしょう。

したがって、オバマは北朝鮮への先制攻撃をするつもりはないかもしれないけれど、その後はどうなるかわからないということです。アメリカの大統領選は11月ですから、あと2か月ですが、その後はどうなるかわからないということです。

おそらく、そういう思惑のもとで、北朝鮮は「やるならやってみろ。あなたがたは我々の核ミサイルを不安定で未熟だと思っているけれども、我々はもう堂々たる核保有国に成長したのだ。いつでも反撃できるのだ」ということを示したのではないでしょうか。

現に、北朝鮮は、ムスダンを高軌道のロフテッド軌道に乗せ、ノドンを多数の標的に同時に正確に撃ち込み、さらに、水爆の実験をやり、核大国と言われる国々と同程度の核ミサイルを実戦配備している、ということを示すことによって、アメリカの先制攻撃をやめさせようということなのでしょう。

執務期間が末期になったオバマ大統領は、自らの政権のレガシー（遺産）づくりに向かっている、という見方があります。北朝鮮に対して、オバマ政権の政策は「戦略的忍耐」という言葉で表現されていたものです。ということは、北朝鮮が非核化をしない限り、アメリカは北朝鮮とは朝鮮戦争の休戦協定を平和協定にする話し合いは一切しないということです。つまり、逆に言えば、北朝鮮に対しては何もしませんと言っていることだったのです。これでは北朝鮮も困るでしょう。

しかし、本当のところは、去年の暮れぐらいから、北朝鮮とアメリカとの間でさまざまな秘密会談が行われていたようです。ということは、あの1月6日の水爆実験は、アメリカの提案に対する警告みたいなものだったのではないかとも言われています。だから、北朝鮮のミサイル発射実験や核実験は、舞台裏で秘かに進行している、アメリカと北朝鮮の秘密会談の進展に対する、北朝鮮側の答えではないのか、という見方もあります。

ペンタゴンやＣＩＡが考える作戦がストラトフォーが予測したようなものなのならば、そんなものにはものともせずに生き残ってみせる、というのが北朝鮮の断固とした意志だと示したのでしょう。

しかし、ストラトフォーが言ったような形で、強力な爆弾が集中的に、あの小さな領土で炸裂したら、北朝鮮はめちゃめちゃになってしまいます。トマホークというミサイルが先端に積んでいるのは戦術核兵器です。だから、被害は限定されます。戦場で使える兵器なのですから。狙った標的を精密にそこだけ破壊するミサイルです。ですから、あまり被害は出ないはずだとアメリカは言っていますが、しかし、平壌にある政府関係の建物をすべて攻撃するということになれば、それでも当然、たいへんなことになります。

ですから、9月9日の核弾頭の爆発実験は、いよいよ、ミサイルに小型化された核弾頭を載せて、実際に飛ばして、それを核爆発させることが現実にできるようになった、しかも大量生産でき、実戦配備できるようになった、という最終的なデモンストレーションです。次にあるのは、実際に核弾頭を載せた各種ミサイルを現実に実戦配備する段階です。

さて、このような緊迫した情勢になり、いったい日本としてはどうしたらよいのか。いま、安倍内閣も、韓国も大騒ぎしています。

しかし、李洙墉《リスヨン》が「日本を狙ったものではありません」と言ったことは、重視しないといけないと思います。こういう情勢を判断するときに、大事なのは、相手の立場に立って判断する必要性です。つまり、金正恩の立場に立って考えてみることです。金正恩の立場に立って、金正恩ならばどうするかと、考えてみることです。朝鮮戦争はまだ終わっていないのです。いつでも再開される可能性があります。休戦協定というのは「シース・ファイア」(撃ち方やめ）になっているだけの状態です。この状況では、いつでもアメリカは攻撃を合法的に再開できる状況なのです。「休戦協定違反」ということだけで、いつでも、国連安保理の決議もなしに攻撃できるのです。北朝鮮の核実験ひとつとっても、休戦協定違反といって、米軍が先制攻撃を仕掛ける十分な理由になります。それは北朝鮮の側にとっても同じですが、しかし、北朝鮮は国連軍ではないから、国際的な承認は得られません。

このような情勢の中で、北朝鮮が核ミサイルの度重なる実験で何を狙っているのか、それに対してアメリカが何を考えているのか、そして、中国、ロシアは何を考えているのか、ここをよくよく考えてみないと、ただただ、北朝鮮のミサイルが飛んできそうだ、怖い、憲法を守れ、だけでは、この国にとって真に有益な安全保障の議論が興りません。

私は、昨年、『日本人が知らない地政学が教えるこの国の針路』（KKベストセラーズ、2015年）という本を出版いたしました。地政学ブームに乗って、おかげさまで好評をいただきました。この本を書いているときに、地政学的な見方の次は、やはりどうしても軍事学的な見方の本が必要だと感じました。

軍事的なことを考慮に入れないで国際政治をうんぬんしてもナンセンスです。我々は、憲法第9条で戦争を放棄したかもしれませんが、世の中は、軍事や戦争を無視しては何も語れないのです。特に国際政治はそうです。一国平和主義という考え方はもちろんありますが、このようなグローバルな時代になると、それだけではどうしても通用しないのです。

本書は、そのような立場から、軍事学に基づいて、いま日本が立たされている東アジアの安全保障問題の根幹について、一般では言われていない、関係各国の背後に隠されている真実の意図を明らかにしていく心づもりで書きました。

すぐれて、国際情勢はアメリカの動向にかかっている、そして、本当にアメリカが恐れているのは日本である、という驚くべき結論がこの本の最終結論です。その詳細は、是非とも、本書を読んで、読者のみなさま一人ひとりに吟味していただきたいと思います。

本書は、例によって、語り起こしの原稿を元に書いたものですから、話が重複したり、時間が前後したりする箇所がありますが、話し言葉をベースにしたものですから、ごく読みやすい本です。どうか、最後まで読んで、この国の今後の安全保障の議論のためにご活用していただければ、著者としてこれに勝る喜びはありません。

菅沼光弘

2016年9月末日

『アメリカが今も恐れる軍事大国ニッポン』

◆

目　次

第2章◆北朝鮮、核・ミサイル実験の隠された真実

第3章◆太平洋をめぐる米中軍事対立の裏側

第4章◆米国の極東戦略と米大統領選の余波

第5章◆鍵を握るロシアの蠢動

第6章◆核廃絶は宗教問題である

第7章◆生き残りを賭けた日本の選択

装幀……フロッグキングスタジオ
帯写真……鈴木克典
企画協力……株式会社マスターマインド

第1章

◆

日本人は軍事学という世界常識を知らない

なぜ戦争は起こるのか

今から2500年ほど前に書かれた『孫子』という、最古の兵書の冒頭に、

「兵とは国の大事なり、死生の地、存亡の道、察せざるべからざるなり」

とあります。兵というのは戦争のことです。いくさを起こすということは、国家の一大事であり、人々の死活が決まるところで、国家存亡の分かれ道になるのだから、よくよく熟慮が必要である、というほどの意味です。

「孫子の兵法」と、よく言いますが、普通は、戦争についての戦略・戦術という技術的意味合いで言及されることが多い。つまり戦争にいかに勝つか、という視点からの言及です。有名な、クラウゼヴィッツの『戦争論』なども、その文脈で理解されてきました。

このように、古来、戦争については無数と言ってもいいほどの研究が積み重ねられていますす。

さらに、その前提として、そもそもなぜ戦争は起こるのかということも、人類は昔から考

カール・フォン・クラウゼヴィッツ

Carl von Clausewitz (1780-1831)

　ドイツの軍人。1792年、12歳でプロイセン軍隊に入り、ライン戦争（対フランス革命軍）に参加（1793 - 94年)。隊付き勤務を経て、1801年、ベルリン陸軍士官学校に入学し、校長シャルンホルストの薫陶を受けた。この頃、哲学者キーゼヴェッター（J.G.K.C.Kiesewetter, 1766-1819. カントの聴講者で当時ベルリン軍医学校の哲学教授）について哲学を修めた。1803年、士官学校卒業後、プロイセンのアウグスト公（Prinz August, 1779-1849. フリードリヒ２世の甥）の副官に任ぜられ、イェーナの会戦に参加したが(1806年)、ナポレオン軍の捕虜となり釈放されてベルリンに帰った(1807年)。1809年、陸軍省付きとなり、プロイセン国防軍の編成に参画した。一時ロシア軍に勤務したが（1812年～)、まもなくプロイセン軍に復帰（1814年)、ベルリンの一般士官学校（のちの陸軍大学校）校長となる（1818 - 1830年)。グナイゼナウ（August von Gneisenau, 1760-1831. プロイセンの軍人）の参謀長となり（1831年)、ポーゼン（ポーランド）に就任したが、グナイゼナウの急死にあい、ブレスラウに帰って没した。当時、少将であった。著作集10巻は、妻（Marie Sophie von Clausewitz, 1779-1836）によって整理刊行され（1832 - 37年)、最初の３巻が『戦争論』(*Vom Kriege*）で、他は概ね戦史である。『戦争論』は、ナポレオン１世により本質的な変貌を遂げた戦争形態、すなわち国民戦争を精密に分析して近代戦の特質を明らかにし、本来の意味での戦争哲学として、専門軍人のみならず、エンゲルス、レーニン等にも多くの影響を与えた。森林太郎（鷗外）の翻訳『大戦原理』(1903年）がある。有名な「戦争とは他の手段をもってする政治の継続に他ならない」は、『戦争論』第１書「戦争の本質について」の第24節の表題“Der《デア》 Krieg《クリーク》 ist《イスト》 eine《アイネ》 bloße《ブローセ》 Fortsetzung《フォルトゼッツング》 der《デア》 Politik《ポリティーク》 mit《ミット》 andern《アンデルン》 Mitteln《ミッテルン》.”に掲げられている。

（『岩波西洋人名辞典（増補版)』1981年、から引用、一部加筆）

えてきました。

だいたい、戦争の原因として三つのことが言われます。

一つは、人間の本性が原因だというものです。例えば、東北地方の縄文遺跡から出てくる遺骨を見ると、頭蓋骨を叩き割られたり、槍で突き砕かれたりした人たちが非常に少ない。ところが、南のほうの吉野ヶ里《よしのがり》遺跡の遺骨には、戦争で殺された人の骨が非常に多い。

人間の本性というのはいったい何か。性悪説によると、人間の本性というのは性悪である、邪悪である。だから争う。例えば、食い物がなくなると、他人を叩き殺してでも自分たちが食べる。人類はそういうことをずっとやってきた。孔子様が説くような「人間は善なるものである」とか、キリストのように「右の頬を叩かれたら左の頬を出せ」ということを言う人もいますが、なぜ世の中で戦争が次々と起こるのかと考えれば、どうしても性悪説をとらざるを得ないということになるでしょう。

二番目に指摘されるのは、国家というのが内部的に非常に不安定な状況になると、国内で激しい対立が起きる。そうすると、国家は、敵を外に求めて国内の統一を図ろうとする、ということです。典型的な例が、フォークランド戦争（1982年）です。天文学的なインフレに陥ったアルゼンチンは、国民の不満が爆発しかけており、政情が非常に不安定だった。それを国民の関心からそらすために、アルゼンチン政府はフォークランド島奪還という行動に出ました。もっとも結果的には、3か月でイギリスにやられてしまったわけですが。

戦争が起きる原因の三番目は、第1次世界大戦のときのように、国際秩序がアナーキーな状況になってしまった場合です。世界秩序の柱がなくなって群雄割拠状態になった場合に戦争が起きる。

第2次世界大戦後の冷戦時代は、ソ連とアメリカの二極支配という形で国際秩序が保たれて、戦争が起こらなかったわけです。

ソ連が崩壊した後、米国の一極支配がほぼ20年続きました。その間、中国をはじめとしていろいろな国が台頭するに従って、現在は、アメリカの力が相対的に衰退したような現象が出ています。いろいろな国が力をつけてきました。インドもプレイヤーに加わってきたし、いまではロシアも再び影響力を拡大しています。さらに、ここに来て、イギリスがEUから離脱を決定した結果、ヨーロッパ全体が動揺してきました。それがまたアジアにいろいろな形で影響を及ぼしており、世界秩序が非常に混乱しつつあります。そうなると、偶発的事件が戦争に発展していくこともありえます。

第1次世界大戦の発端は、サラエヴォでオーストリアの皇太子夫妻がセルビアの青年に撃ち殺された事件でした(1914年6月28日)。あの頃、皇太子や国王、大統領などは、しょっちゅう暗殺されていたのですから、一つの暗殺が世界戦争を招くなどということはあり得ないことでした。しかし、第1次世界大戦は起きてしまった。このときには、セルビアの青年の後ろに、セルビア国家の情報機関の関与があったということも言われていますが、当時、火薬庫と言われていた通り、領土問題などをめぐってバルカン半島では諸国家間で複雑な対立が起こっていました。しかし、それでも、誰もこの事件が世界戦争に発展するとは思わなかった。ところが、「ドイツ、オーストリア」対「イギリス、フランス、ロシア」という対立軸に、なんとなく火がついてしまったのです。誰も戦争は起こらないと思っていたにもかかわらず、起こってしまったわけです。国際秩序が崩壊してくると戦争が起こるということです。

第1次世界大戦の後、戦争が起こらないような国際システムを構築しようと、国際連盟をつくりました。一般に国際化、グローバリズムというのは、各国の経済的相互依存関係を深め、戦争は起こらないということだったのです。それなのに、20年後、再び第2次世界大戦が起こってしまった。

21世紀になった現在、欧米諸国を見てもわかるように、国際化、あるいはグローバリズムの弊害がいろいろ出てきています。

そういうことですから、今日の世界において、さまざまな理由で国際秩序が乱れ、戦争の、あるいは第3次世界大戦の危機が非常に増大しているというのが、私の認識です。

南北朝鮮の統一は北朝鮮主導以外にはあり得ないという恐ろしい真実

プロローグで述べた通り、2016年に入ってからの一連の北朝鮮による核実験、ミサイル発射実験によって、東アジアの安全保障環境は根本から激しく揺さぶられています。日本も大慌てですが、地続きの韓国では核武装論や原潜保有論なども出て、それ以上の急展開を見せています。アメリカが提供する高高度ミサイル（サード、THAAD）防衛システムの国内配備も決定され、配備地点の選定が終われば、すぐにも配備が完了することになっています。

朴槿恵《パククネ》韓国大統領は、2015年には中国の抗日戦争勝利70周年記念式典に出席するなど、中国と組んで北朝鮮を牽制しようとしていたのです。しかし、結局、北朝鮮による第4回目の核実験を阻止することはできず、中国経由で北朝鮮に働きかける対策は諦め、米日のほうに戻ってきました。

2016年1月6日の北朝鮮の核実験の直後、朴槿恵大統領が習近平主席に連絡を取ろうとしても、二日ぐらいまったく連絡が取れなかったということがありました。朴槿恵大統領は中国に無視されてしまったのです。彼女は韓国の存在を過大評価し過ぎていたのです。

朴槿恵大統領は任期後半に入った今日まで、大統領としての業績が何もありません。せめて日本との関係を改善したという辺りで、ちょっとだけ業績らしきものをつけて辞めたいはずです。

ソウルの日本大使館前の慰安婦像は、自分の任期中に撤去したいと思っている。そうでないと、安倍晋三首相との約束を果たせないことになるからです。

韓国では、与党政権が2期続いたから、順番からいくと今度は野党の大統領になりそうだけれども、蓋を開けてみないとわからない。韓国の政治動向はまったく正確な予測ができません。この前（2016年4月）の総選挙は、野党が分裂したりしているから、与党が絶対勝つはずだったのに、それでも与党（セヌリ党）が大敗して過半数割れを起こしました。来年の大統領選挙も蓋を開けてみるまではわかりません。

そもそも朝鮮民族というのはどんな民族なのか。我々はもう少し勉強しなければ、適切な対半島政策はとれません。北朝鮮の金日成《キムイルソン》も、韓国の朴正熙《パクチョンヒ》もそうだったけれども、一種の独裁体制を取らないとあの国（北にしても南にしても）は治まらないのです。小さい国でありながら、複雑な形で鋭い地域的な対立や階級対立がありますから。

金日成が、なぜ社会主義国でありながら世襲をさせたか。日本では、みなこれを否定的に評価していますけれども、じつはよく考えたやり方なのです。

中国でも、あるいはソ連でも、絶対的な権力者が死ぬと大権力闘争が始まる。スターリンが死んだあと何が起こったか。フルシチョフやマレンコフの大権力闘争です。中国も、毛沢東が死んだあと、激しい権力闘争が展開されました。共産党の独裁者がいなくなると、そういうことになる。ところが、ソ連や中国は国が巨大だから潰れなかった。

しかし、北朝鮮でそんなことをやっていたら国が崩壊します。だから、金日成は世襲制を取るのがベストだという結論で、金正日が世襲したわけです。その世襲に対しては、北朝鮮国内でも反対論が非常に強かった。それに加えて、ソ連が崩壊したり、食糧危機その他いろいろな問題が起こったものだから、金正日は「先軍政治」という形で、軍を背景に独裁的に国を治めたのです。そのあとを継いだ金正恩政権下でも、いろいろな形で矛盾が出てきたところで、いま金正恩独裁体制（唯一指導体系）を固めようとしているわけです。

3代目もまた世襲という形になったけれども、それ以外のことをすれば、北朝鮮は簡単に崩壊するでしょう。昔からそうです。李王朝なども本当の独裁政権だったわけです。それで300年もった。その末期に王朝内部で激しい権力闘争が起こった。一方が中国につき、他方が日本につき、あるいはロシアについて、外の勢力を後ろ盾に権力闘争に勝利しようとした。結果的に、日韓併合という形で国が潰れました。この歴史をどう見るか。

ところが、韓国は、今また李王朝末期と同じことを繰り返しているわけです。つい最近までは経済が非常に良かったものだから、威張っていたわけですが、その経済がおかしくなってきた。海運業、造船業、鉄鋼業もダメになり、自動車は売れているけれども、あまり伸びない。サムスンなどもおかしくなってきた。つい最近もサムスン社製スマホの「ギャラクシー」にバッテリーの爆発事故騒ぎがありました。こういう状況の中で、失業者が増大し、若者が就職できない。政争が激しくなっています。そして、政権党は日米に接近し、野党は中国に、そして親北勢力が増大しています。

このような状況では、南北の統一は北朝鮮主導による統一しか選択肢がなくなるのです。

北朝鮮のミサイルがアジアの戦略的構造を変えてしまった

北朝鮮の今年（２０１６年）１月６日の水素爆弾の実験と、今度（６月22日）のムスダンというミサイルの実験、これは国際政治上も大変なことだったのです。この二つの実験で、北朝鮮はいよいよ核ミサイルを実戦化する段階に達したということです。水爆実験に対して中国といろいろ揉《も》めていましたが、この件に関しては、中国との政争の中で北朝鮮が勝ったということです。水爆実験のときも、ムスダン・ミサイルのときもそうだったのですが、国連の安全保障理事会で制裁決議をやろうとして、中国は賛成しましたが、一番イチャモンをつけたのがロシアです。ロシアがまた北朝鮮に寄りだしたわけです。

国連の場で、関係国のあいだでいろいろ応酬が行われているうちに、習近平と金正恩とのあいだで祝電の交換という事態が起きました。２０１６年5月11日、じつに36年ぶりに開かれた朝鮮労働党第7回大会に際し、金正恩の朝鮮労働党委員長選出を祝う習近平の祝電が金正恩に送られ、その返礼のように、６月30日、中国共産党創建95年に当たり、金正恩から習近平へ祝電が届きました。

韓国の朴槿恵大統領は、このような事態の進展にどう対処するべきか。ムスダンミサイルをロフテッド軌道に乗せて、１４００キロメートルの高度まで上昇させるという実験をやられてしまっては、これを防衛するには高高度ミサイル（ＴＨＡＡＤ）防衛システムしかないわけです。ほかのシステムでは、もう防衛できない。そういうことで、朴槿恵大統領は中国の反対を押し切っても、アメリカにすり寄らざるを得ないのです。アメリカの高高度ミサイル防衛システムを設置しないといけない。

このように、北朝鮮の一発のミサイルが、東アジアの戦略的な構造を変えてしまった。韓国は再びアメリカ寄りに、中国は北朝鮮寄りになったわけです。

ＴＨＡＡＤの韓国設置に対しては、中国だけでなくロシアも猛反対しています。なぜかというと、ＴＨＡＡＤそのものは問題ではないのですが、それに付属しているＸバンドレーダーがいやなのです。いま、米軍のXバンドレーダーは、ロシア向けに青森県の車力《しゃりき》というところに一つある。もう一つは、京都の経ヶ岬《きょうがみさき》に設置してある。経ヶ岬のレーダーは朝鮮半島全体だけではなくて、満州の半分ぐらいまでカバーできる。そして、もしこのレーダーを韓国に設置するということになると、これでもう中国大陸全体がカバーできる。

それがなにを意味するか。Xバンドレーダーというのは、発射されたのが通常弾頭のミサイルか、あるいは核弾頭かというようなことまで瞬時に判断できる強力なレーダーなのです。そうすると、いまのアメリカ軍の戦力からすると、敵のミサイルは発射と同時に爆破されてしまう。ということは、北朝鮮も含め、中国のミサイルもロシアのミサイルも無力化されるということを意味します。こうなると、まったくアメリカに歯が立たなくなる。だから反対しているわけです。しかし、そういう状況に持ち込んだのは、まさに北朝鮮の核実験であり、ミサイル実験であるわけです。

日本はどうすべきなのか

いまの日本の安保法制によると、北朝鮮にしろ中国にしろ、敵のミサイルが発射され、日本の領空に飛来しない限り、こちらの迎撃ミサイルで撃ち落とすのは法律違反になるという、議論をする人もあるようですが、そんなレベルの問題ではないのです。

北朝鮮がミサイル実験を予告するたびに、自衛隊は防衛省にＰＡＣ３を設置したと発表します。もしも北朝鮮の核ミサイルが日本本土上空を飛んできて、それを防衛省なり東京上空で迎撃したとしましょう。放射能を帯びたミサイルの破片がバラバラ東京に落ちてくることになるのです。それでは、全然意味がない。つまり、防衛省にＰＡＣ３を設置するなどというのは、単に国民に対する宣伝だけのための設置です。

じつは、集団的自衛権の問題もそうですが、日米韓による共同のミサイル防衛システムも、中国に対する包囲網を構築するための一つの対策なのです。前述したように、北朝鮮のミサイルがかなり優れたものになったということも事実ですが、北朝鮮はそれを1発か2発しか持っていない。アメリカは何千発と持っているわけです。もし、北朝鮮が先制攻撃のようなことをすれば、アメリカの反撃で朝鮮民族はこの地上からいなくなる。そういうことでしょう。

オバマ大統領も言っていますが、アメリカが北朝鮮を軍事力で潰すことは簡単です。ただ、あまりにもソウルが近過ぎる。例えば、１９９０年のときもそうでしたが、北朝鮮の寧辺《ヨンビョン》にある核施設を破壊すると、放射能が全部ソウルに流れてくるのです。朝鮮半島は小さいですから、ひとたまりもありません。

福島の原子力発電所の場合は、幸か不幸か、放出された放射能の大部分は海に行ってしまった。そういう地形になっている。ほとんどすべての放射性物質は太平洋へ行った。誰も大きな声でそうは言わないけれども、これは、神様がそうしてくれたとしか言いようがありません。神風が吹いたのです。だから、漁業やらの風評被害はあっても（これも大変なことでしたが）、最も恐れられた放射能による犠牲者、健康被害は何も出ていない。あの状況で、大局的には、これは非常に幸運なことだったのです。

ところが、北の原子炉など核施設が爆破されると、放射能は全部南朝鮮に行くのです。地形的にそういうふうになっているのだからしかたありません。黄砂だって向こうから来るでしょう。だから、北朝鮮の核施設への先制攻撃はできないということを言っているわけです。ならば、残るは、発射されたミサイルの迎撃しかありません。しかし、今までこれは、日米韓が足並みを揃えて一致団結して迎撃するというわけには必ずしもいかなかった。

自衛隊の幹部クラスと、韓国軍の幹部クラスの人たちの会議の場で、北朝鮮問題を話し合って、いざとなったら協力して、北に攻め入るという話をすると、韓国が、日本にそんなことをされては困る。あなたたちは来ないでくれ。冗談じゃないと言って拒否する。

だから、日本の自衛隊と韓国軍がいろいろな協定を結んだりすることに対して、常に問題が起こるわけです。

例えば、「軍事情報包括保護協定」（GSOMIA《ジーソミア》）というものがあります。日本国と大韓民国の間で秘密軍事情報を提供し合う際、第三国への漏洩を防ぐために結ぶ協定ですが、2012年6月29日に締結される予定だったのに、韓国側の都合で締結予定時刻の1時間前になって延期されたのです。それもまだ調印できていないわけです。

しかし、ミサイル防衛をやるためには、これは瞬時の問題なのだから、北朝鮮からミサイルが発射されたというのを韓国軍が確認したら、それを日本の自衛隊に瞬時に伝えなければなりません。米軍と韓国軍のあいだにはそれができていますが、韓国と日本のあいだでできていませんから、日米韓3軍が共同して対処するわけにはいかない。そういう妙なことになっているのです。ですから、現在、朝鮮半島有事の際、韓国軍と一緒になって自衛隊が戦うことは絶対にありません。不可能です。

仮に、第2次朝鮮戦争が始まったという場合でも、日本軍が集団的自衛権に基づいて、米軍の後方支援という形でも、朝鮮半島に行くことができるか。現状では朝鮮半島になんか、絶対に行けません。

いかにして核戦争を抑止するかが現代の戦争論の主眼

世界の安全保障がどんなスタンダードで論じられているのか。軍事的観点から見ると、現在の世界はどのような世界と言うことができるのか。そういう論点に関する言説はいろいろあります。

従来の戦争論・軍事論というのは、「いかにして戦争に勝つか」ということを中心に考えられてきたわけです。クラウゼヴィッツの、「戦争というのは、別の手段をもってする政治の継続だ」という、有名なテーゼがあります。戦争は何のためにやるのか。それは、政治的な目的を達成するための手段としてやる、目的は政治だということです。

ところが、広島・長崎への原爆投下以来、核兵器というのはあまりにも破壊力が強過ぎるという認識が世界中に広がりました。軍事的な圧力で日本を屈服させる、そして日本を非軍国主義、民主主義の体制にしていくというのがアメリカの目論見だったけれども、日本そのものがなくなってしまっては、政治的目的も何もあったものではない、という認識です。それ以来、今日に至るまで、戦争論・軍事学というのは、「いかにして核戦争を、あるいは、戦争そのものを抑止するか」が中心になってきたわけです。

日本の安保法制にしてもそうですが、「いかにして中国に勝つか」というのではなくて、「いかにして中国が攻めてこないようにするか」が安全保障を考える上での中心点になっています。

日本だけが相手ならば、中国は勝手に尖閣に上がってくるかもしれない。しかし、日本とアメリカが共同で対処するということになれば、中国も二の足を踏むだろうということなのです。

要するに、いままでの軍事学というか、戦争論、あるいは戦略論というのは、孫子の兵法もそうですが、いかにして戦争に勝つか、戦って勝つにはどうすればよいか、そういうものでした。ところが、いまは、いかにして戦争を起こさせないようにするか、です。

例えば、冷戦時代にアメリカとソ連とのあいだで、恐怖の均衡みたいに言われた「相互確証破壊」という理論があります。「一方が核兵器を先制的に使えば、他方が生き残った第2撃能力で反撃し、最終的に双方が必ず核兵器により完全に破壊し合うことを互いに確証する」というものです。平たく言えば、「お互いに国が亡くなるよ」ということです。いわゆる「核の抑止力」が働くのは、この「相互確証破壊」という概念に基づいたものです。

核兵器の小型化がはらむ危機

そういうわけで、米ソの冷戦時代、核兵器というのは使えない兵器だったはずなのです。ところが、人類はその間も、使えない兵器を、どうすれば使える兵器にできるか、という形で軍事技術を発達させてきた。「戦術核兵器」とか、爆発力の小さい「核弾頭ミサイル」とか、そういうものをどんどん発達させてきたわけです。

日本人の核兵器、あるいは核に対する知見というのは、70年前の広島・長崎の段階で終わってしまっているのです。それからの核兵器の進歩には全然追いついていない。「北朝鮮で水爆実験が行われました」と聞いても、「水爆は知っています、ビキニ環礁で大変な爆発があった。それ以後、水爆は使えなくなりました」と、その程度なのです。

いま、例えば、アメリカの原子力潜水艦が積載しているトマホークは、精密誘導でピンポイント攻撃ができます。そのミサイルに積んである核弾頭は全部小型の水爆です。水爆というのは、小型でも強烈な破壊力を持ちます。小型化して、ミサイルに積むということになると、ものすごいコストがかかる。コストをかけて、その辺の橋を一個落とすぐらいでは全然ペイしない。一個の小型化された弾頭で一つの街が全部崩壊する、しかし、他の場所は大丈夫、こういうのが、いま実戦に配備されているわけです。

北朝鮮の核弾頭がどの程度の破壊力があるか、それは2016年9月9日の第5回目の核実験まではまったくわからなかった。2016年1月6日の核実験は水爆ではなかったとか、爆発力が小さかったとか言われましたが、もはやそんなことを言っている段階ではありません。

水爆を小型化するには、ものすごく高度な技術が必要です。原子爆弾というのは、高性能火薬の起爆によって核分裂を起こして、そこから出るエネルギーを爆弾に使う。ところが、水素爆弾というのは、核融合、二重水素や、あるいは三重水素（トリチウム）を融合させることによって出るエネルギーを利用しています。この核を融合させるためには、ものすごく強烈なエネルギーが要る。要するに、水爆は原子爆弾のエネルギーを利用して核融合を起こすということです。その原子爆弾を爆発させるためには高性能火薬が要る。だから、北朝鮮は非常に複雑な技術開発をやっているわけです。

しかも、それをさらに小型化する。広島・長崎に落とされた原子爆弾は、すべて4トンとか6トンとか、重い爆弾です。したがって、米軍はこれを大型爆撃機、当時はB29に積んで落とした。こんな重いものは、爆撃機に代わるミサイルの弾頭には使えないわけです。

こういう核弾頭の小型化は、すでに1950年代から開発が始まっています。遅蒔きながら、北朝鮮も最近それを行ったということです。じつは、北朝鮮の核実験が、水爆であったか、普通の核爆発であったか、外からは全然検証できないのです。水素爆弾というのは、キセノンといった物質を放出しませんので外からは一切検証できない。事実として判明しているのは、1月6日にマグニチュード5・1の人工地震がありましたということだけです。地震波から見て、これは自然の地震ではなくて人工地震だと結論づけた。事実はこれだけなのです。あとは、北朝鮮が水爆実験だったと発表したという事実があるだけです。9月9日の核実験は、記録されたマグニチュードでは5・3。1月6日の実験の際のマグニチュードよりわずかに高い程度。ただこれは地震波からの推定で、韓国の発表によると爆発のエネルギーは1月の2倍程度ということだけです。

しかし、いままでの経過から見ていると、北朝鮮は、もう5回核実験をやっています。そして、中国でもソ連でも、そのほかの国でもそうですが、最初の核実験から3～4回目にどこでも水爆をつくっています。かつては、北朝鮮にはまともな核技術者、学者はいないと言われてきたのですが、北朝鮮が核兵器を開発しようとしてからもう50年以上も経っているのです。

朝鮮戦争のときから、金日成は北朝鮮も核兵器を持たないといけないと考えていました。中国もそうです。というのは、朝鮮戦争への中国人民解放軍の参戦に対して、マッカーサー

2016年1月6日の第4回目の核実験の成功を顕彰して表彰授与式で核科学者を称える金正恩第1書記（2016年1月12日）［朝鮮通信＝時事］

核科学者・技術者との集合記念写真（2016年1月11日）［労働新聞］

元帥が原子爆弾を使おうという動きを示したものだから、それに対抗できるのは核しかないということを、毛沢東は最初から確信していたからです。しかも中国の場合は、普通はプルトニウム爆弾から実験していくけれども、最初からウラニウム爆弾の実験をした。水爆の製造を考えていたからです。

北朝鮮は、最初はプルトニウムの実験をやったことは確かです。普通にやればそうでしょう。その間、人材の育成に邁進《まいしん》してきましたが、若い科学者たちがアメリカや西洋の先進国へ行って、教育を受けてきているわけです。1月6日の実験成功を祝って、学者や科学者、核技術者、あるいは労働者を集めて、宴会をやりました。金正恩を中心に集合写真を撮っています。それを見ると、相当な人材がすでに蓄積されていることが一目瞭然です。

北朝鮮は、最初の頃は全然人材がいなかった。北朝鮮の国をつくった人たちは、いわゆるパルチザン出身の人たちだった。金日成以下みんなそうです。あの国はパルチザンの国だったわけです。遊撃隊国家と言われた。

パルチザンというのはまともな学校教育も受けていなければ、子供の頃から満州の荒野で馬賊のようなことしかやっていない。こういう人たちが北朝鮮労働党の幹部になった。これらの人たちは共産主義の理論闘争なんかも全然できないわけです。

形の上では、例えば、『労働新聞』には理論闘争みたいなことが書いてありました。しかし実際には、金日成や金正日に対する忠誠心競争でした。朝鮮労働党はそんな学のない人間の集まりだったのが、金正恩の時代になってこれがようやく一新されました。パルチザン出身の幹部がみんな死んでしまったわけです。

李乙雪《イウルソル》という、朝鮮人民軍で一番偉い元帥がいました。金正恩に次ぐナンバーツーの元帥です。もっとも、金正恩は共和国の元帥。こっちは朝鮮人民軍の元帥で、ちょっと格下でした。李乙雪は、子供の頃から金日成の下でパルチザン闘争をやってきた男で、「金日成一家は俺が守る」と、金日成にずっと忠誠を誓ってきた人です。この人が去年の秋頃に、死んだ。これでもって、パルチザン世代の人たちは全員亡くなりました。

だから、金正恩は、新しい感覚で国を運営することができるようになったわけです。そして今、若い頃からアメリカやイギリスへ留学していたような人々が集まって核開発をやり、北朝鮮を動かしています。昔のような判断で、北朝鮮はダメだ、人材がいないなどと言ってはいけない。当時はソ連もそう言っていた。「あの国には核開発は無理だ、そういう能力はない」と。ところが、いまはもう全然違うのです。

憲法9条第2項の桎梏《しっこく》

北朝鮮が相次いで核実験やミサイルの発射実験をやって、そのたびに国連で制裁決議が出ますが、北朝鮮はこれを無視して何度も実験をやっています。先ほども言ったように、北朝鮮の核戦力の現状、核弾頭を何発保持しているか、弾頭は小型化した水爆か、原爆か、それについて判断できる情報を我が国は何も持っていません。米ロや中国が保有する、各種のミサイルの弾頭はすべて水爆です。我が国では誰もそんなことを言ったことはないですが、それが常識です。日本の軍事に関する、特に核兵器に関する感覚が、広島・長崎でストップしたままだということはすでに指摘しました。

それはなぜかというと、最大の問題は憲法9条です。まず、憲法の前文に、「諸国民の公正と信義に信頼して、われらの安全と生存を保持しようと決意した」とあります。そして、9条の第1項は、どこの国の憲法でも書いてあることですが、次のように言っています。「日本国民は、正義と秩序を基調とする国際平和を誠実に希求し、国権の発動たる戦争と武力による威嚇又は武力の行使は、国際紛争を解決する手段としては、永久にこれを放棄する」。要するに、侵略戦争はやらないということです。これはいいのです。問題は次です。

「前項の目的を達するため、陸海空軍その他の戦力は、これを保持しない。国の交戦権は、これを認めない」。これで戦争ができないようにしてしまった。なぜかというと、日本国憲法は、日本が再び立ち上がってアメリカに対抗するようになるのをやめさせるために、アメリカがつくったものだからです。

ところが、我々日本人は戦争について考えることもそこでストップしてしまった。戦争がなぜ起こるかとか、戦略論など、若い人もときどき本にして出していますが、みんな、ただただ学問としての研究発表みたいなもので、一般国民には、その問題意識さえまったくありません。だからこそ、いま、私はこういう本を書こうとしているのです。

もちろん、自衛隊の制服組も、いまでは戦争をしたことがない人ばかりです。まだ、初期の頃には、多くの旧帝国陸海軍出身の人がいました。例えば、源田実さんのように、真珠湾攻撃のときにゼロ戦のパイロットだった方もいました。

私は防衛研修を受けたことがあります。富士山の麓にある陸上自衛隊の富士学校で受けました。戦車に乗ったり、各種の展示を見たり、射撃の演習などを見学したりしました。そして、最後にその富士学校の校長の話を聞きました。そのときに、彼がいみじくも言ったのは、「私は陸上自衛隊最後の帝国陸軍出身で、沖縄で戦った兵の一人でした。その経験から言わせていただけば」ということで、こう言いました。あの沖縄戦で米軍は、あの小さな島にどれだけの兵力を動員してきたか。これは孫子の兵法にも書いてありますが、圧倒的兵力で攻めるのが勝つ方法である。ところが、当時（私が研修を受けた当時）、陸上自衛隊は北海道には4個師団しか駐留させていない。そんなことがあるだろうか、というのが、その校長の憤《ふん》懣《まん》やるかたない抗議でした。その前提として、当時、ソ連軍はこれだけの兵力で侵攻してくる。それに対して、数日抵抗していれば、同盟軍たる米軍が救援に来る。そこまでもたせるための4個師団だという計算になっていたわけです。ところが、彼が言うのは、沖縄戦でも、あの米軍があれだけの兵力で攻めてきた。ソ連軍がなぜそれだけしか来ないと考えるのか。もし圧倒的な力で来られたら、4個師団（ほぼ4万人の兵力）なんて1日で崩壊してしまう。まったく現実を無視した計算だ。しかし当時の防衛庁内局では、それでは予算の立てようがないからその数で整合性をとったということなのですね。日本は、いつでもそういう現実を無視した机上の計算で作戦計画を立てていたわけです。校長は、現実は全然違う、とそう言って、怒っていました。

私はその後、ソ連が崩壊したあとに、サハリン（樺太）に行ったことがあります。行ったら、あちこち兵舎だらけです。樺太のユジノ・サハリンスクにある旧ソ連軍の司令部なんてものすごく巨大な建物でした。しかし、誰もいない。兵舎という兵舎、みんなペンペン草が生えていて、ガラスが割れて、廃虚です。しかし、冷戦の時代はそこに満杯に兵士がいたわけでしょう。富士学校の校長が言うように、圧倒的な力で北海道に攻めてくることがあり得たわけです。そして、そういう戦争の現実を考える人が自衛隊からも一人もいなくなってしまったのです。

日本人はもっと軍事知識を持たなければいけない

北朝鮮のミサイルの問題とか、南シナ海での中国の潜水艦や空母の問題とか、そういうことについて、日本人はみんな何の軍事的な知識もないものだから、客観的な正しい判断ができません。

また、我々が日頃使っている地図が正しい認識を妨げているということもあります。我々はみな、学校でもどこでも、日本中心のメルカトル図法の地図を見ていますが、これでは正確な距離などはわからないのです。

それとは別の、距離の正確な地図がある。軍事的な観点では、この地図で見ないといけないのです。そうやって見ると、この日本列島というのは、ロシアや中国の軍事力を封じ込めるための、絶好の位置にあるということがよくわかります。

かつて、オホーツク海にソ連の原子力潜水艦がいて、アメリカの核先制攻撃に対して第2

撃としての核攻撃をする、そういう構えをしていた。モスクワからワシントンを攻撃するよりも、オホーツク海からワシントンを攻撃するほうが2000キロ短いからです。だから、アメリカにとってオホーツク海は大変重要なところだった。そこで日本の海上自衛隊に大量のP3C対潜哨戒機を提供して、ソ連の原潜の動向を、常時監視させていました。

また、いま、中国が、東シナ海や南シナ海へ進出してきています。第1列島線と言っていますが、それを地図で見ると、米軍の司令部のあるハワイから第1列島線まで1万キロ以上ある。そうすると、中国現有の大陸間弾道弾はハワイまでも届かない。第2撃のためには、中国は潜水艦を絶対に太平洋まで持っていかないといけないわけです。そうしないと、ワシントンは全然攻撃できない。潜水艦がハワイ沖まで到達してやっとワシントンまで攻撃できるわけです。

そうすると、中国にとっていかにしてこの列島線を越えて潜水艦を太平洋に進出させるかが重要になってきます。だから、南西諸島の辺りを中国の船がよくウロウロしているというのは、そういうことを視野に入れないと、その意味がわからないのです。また、南シナ海の問題も、あの海域は国際航路だとか何だとか、法律的にも議論があるけれども、その背後にはこういう軍事的な問題があるわけです。

世界の現実に憲法が合わなくなった

近代戦争に関する本で第一にあげられるのは、カール・フォン・クラウゼヴィッツ（1780－1831）の『戦争論』でしょう。原題は *Vom Kriege*（フォム・クリーゲ）で、「戦争について」というものです。クラウゼヴィッツはかつてのプロイセンの戦略思想家です。

もう一人、バジル・ヘンリー・リデル＝ハート（1895－1970）という人がいます。これはイギリスの人で、20世紀の偉大なる戦略思想家と言われた人です。この人が書いたのは『戦略論』です。だから、一般的に軍事問題は戦争論とか戦略論とかいう形で、論じられているわけです。

戦争については、先ほど言ったように、クラウゼヴィッツに、「戦争は他の手段をもってする政治の継続に他ならない」という有名なテーゼがあるわけですが、要するに、戦争の目的は、政治的な目的を達成することであるということです。

同じことはリデル＝ハートも言っています。彼は戦略という形で同じことを言っています。要するに、戦略とは、政治目的を達成するために軍事的手段を配分・適用するアートである。戦略論というのは、相手があって組み立てるもので、相手は常に想定外のことばかりやってくる。それにどう対応するか。これはサイエンスではない、科学ではない、アートである、と言っているわけです。アートというのは、日本語では「術」ともいう。ドイツ語でも、クンストという言葉があります。要するに、戦略・戦術に対してどう対応するかということですから、刻々と変わるし、定まったものがあるわけではないということです。

いずれにせよ、二人に共通するのは、戦争というのは、政治目的を達成するための手段だということです。

例えば、この戦争にはどの程度の兵力と武器を使えばよいのかという合目的的な対応策が出てくるわけですが、こういう考え方、近代的な戦略思想が出てきたのは、19世紀初頭のナポレオン戦争からです。それまでは、日本でもそうですが、それぞれの部隊がある程度自由に動いていたのを、ナポレオンが統一的な軍の運用を始めたというわけです。そこから近代的な戦略思想が発達したのです。

それから、第1次世界大戦になって、戦争は総力戦、国を挙げて戦うということになってきました。それも、その後の戦略思想の発展に関係してくるわけです。

今日の日本人は軍事ということについてまったく知見もないし、国際政治についていろいろなことを考えるときにも、軍事抜きに考えてしまう。その原因は、繰り返しますが、憲法なのですね。

バジル・ヘンリー・リデル＝ハート
Basil Henry Liddell-Hart (1895-1970)

イギリスの軍事評論家。第１次世界大戦に従軍し負傷、1927年、陸軍大尉で退役。『デーリー・テレグラフ』『タイムズ』の軍事記者、論説顧問を務め、空軍力と戦車戦に関する多くの軍事理論を発表し、機甲戦の創始者として有名。彼の構想は自国陸軍よりもドイツ陸軍に受け入れられ、第２次世界大戦初期、ドイツ陸軍の電撃戦成功の基盤となった。1937－38年、陸軍大臣顧問となり、開戦直前のイギリス陸軍の近代化、機械化に参画、戦時中および戦後は著作活動に専念し、近代戦争理論の発展に貢献した。

おもな著書に『歴史上の決定的戦争』(1929)（のちに『戦略論――間接的アプローチ』1941、に所収)、『第１次世界大戦史』(1934)、『第２次世界大戦史』(1970) などがある。(一木俊男＝記)

(『平凡社大百科事典』1985年、から引用)

日本国憲法の前文に、「日本国民は、恒久の平和を念願し、人間相互の関係を支配する崇高な理想を深く自覚するのであって、平和を愛する諸国民の公正と信義に信頼して、われらの安全と生存を保持しようと決意した」と書いてある。

そして、第9条に「戦争の放棄」と書いてあります。そして第2項に、要するに、国権の発動たる戦争を永久に放棄する、とあります。この、第1項に書いてあることは、諸外国の憲法にもすべて書いてあります。問題はその次です。「前項の目的を達するために」という文言は、最初はなかったのです。芦《あし》田《だ》均《ひとし》元首相

（１８８７－１９５９）が国会の特別委員会で修正を加えたものです。これを入れることによって、日本も「侵略戦争以外の戦争については」、例えば「自衛のための戦争」はできる、という解釈ができる余地を残したわけです。しかし、そのあと「陸海空軍その他の戦力は、これを保持しない」、そして、「国の交戦権は、これを認めない」と明記されている。

２０１６年７月の参議院選挙でも、その２年前の２０１４年７月に安倍内閣が閣議決定した集団的自衛権についての憲法解釈変更の議論をまだやっていました。これまで法制局が表明してきた憲法解釈を内閣の一存で変えるというので、多くの異論が出たわけです。集団的自衛権を認めた２０１５年９月成立の安保法制は憲法違反だということを、民進党その他も主張しているわけです。これに安倍さんが答えないものだから、あまり議論にはなっていませんが、民進党、共産党、いろいろな統一会派の人たちはこれを主張しています。

第９条があるものですから、こんな議論が相変わらず出てくるわけです。我々は戦争を放棄した。だから戦争は起こらないと考えます。それにともなって、戦争について考えることをも放棄してしまったわけです。

しかし、世の中の現実はどうなのか。国際秩序が維持されなければ、戦争が起こる。これは歴史が証明しています。世界情勢がアナーキーになれば、戦争が起こる。だから、戦争を防止するためには、世界秩序、あるいは国際秩序の維持がぜひとも必要になってくる。こういう論になってくるわけです。軍事から見ると、今日の世界はどのような世界だと言うことができるのか、という問いにひとことで答えようとすると、こうなるわけです。

再び混沌とする国際秩序

戦後日本は、戦争を放棄した憲法の下で、国家の安全保障を確保するために、国連中心主義の外交政策をとってきました。国連の英語名はユナイテッド・ネイションズ（United Nations）です。このユナイテッド・ネイションズが、日本では「国際連合」と訳されたけれども、文字どおり訳すと「連合（諸）国」です。連合（諸）国とは、第2次大戦で、日本とドイツに対して戦った国々（アメリカ・ソ連・イギリス・フランス・中華民国、等々）です。アメリカが主導したため、ソ連は最後に加わりました。だから、国連憲章では、日独の2か国は敗戦国（敵国）として特殊な位置に置かれているわけです。日独の軍国主義の台頭を抑えて、国際秩序を保っていこうということでつくられたのが「国際連合」（＝ユナイテッド・ネイションズ）です。

ところが、そのうちに米ソの冷戦が非常に深刻になってきたときに、戦争をどうやって防止するかということで、国連の枠外でさまざまなシステムがつくられました。例えば、NA

TO（北大西洋条約機構）ができた。1949年のことです。ヨーロッパ大陸の国々が、そこにドイツを入れることによって、ドイツの台頭を抑えると同時に、さらにアメリカを加えて、ヨーロッパに関与させる。それによってソ連に対抗する。こういうシステムをつくったわけです。

アジアにはこのようなシステムはできなかったけれども、冷戦時代はそういう形で世界の平和と安全、国際秩序が保たれてきました。その後、この冷戦が終わった段階で、一時期はアメリカの一極支配になります。アメリカが守護神になって世界の秩序を保ってきた。別の言葉で言えば、アメリカが世界の警察官として国際的秩序を維持してきたのです。

ところが、2008年のアメリカの経済金融危機のあと、アジアでは、特に中国が経済的・軍事的に台頭し始めた。あるいは、核武装をしたインドも台頭してきた。その結果、アメリカの一極支配という構造から、アメリカの力が相対的に低下していくということになりました。そこから国際秩序は、いろいろなところに齟齬《そご》が始まってきたわけです。

そして、中東でテロが頻発したり、アメリカがイラクやシリアで泥沼に入るなどということもあり、またその間、ロシアがクリミア半島を奪還するなど、国際秩序は乱れてしまいました。そうなるとアメリカ一国で秩序を保つ、再建するということは不可能です。アメリカが財政的にも非常に難しい状況になってきたという理由もありますが、それ以外に、いろいろな国が軍事的にも台頭してきたという事情もあるわけです。

そういう混沌とした状況になってきた中で、今度はイギリスがEUから離脱することになりました。こうなると、いままで欧州の国際秩序を守ってきたNATOそのものまで崩壊していくということになりかねません。そうなると、いままでドイツの軍事的台頭を抑えつけるために国際的なつながりをつくり上げていたのが、またぞろドイツの軍事的台頭をもたらし、第2次世界大戦前のような状況に似てきます。中東からの難民の流入など、他にもいろいろな問題がありましたが、イギリスの脱落によって、ヨーロッパの国際秩序も千々に乱れるという状況になってくると、アジアに対しても大きな影響を及ぼしてくることになります。

アジアでは中国の軍事的台頭ということの他に、北朝鮮が次々と核実験をやり、運搬手段である種々のミサイルの実験に成功してきています。そのことは、NPT（核不拡散条約）体制から脱退した北朝鮮による、この体制に対する挑戦であることは明らかです。それを、加盟国は抑えることができない。そして、いまや北朝鮮は核保有国として、自ら憲法や党規約にまでそのことを明言する。ここでも、核兵器に関する国際的秩序が乱れてきています。

このような北朝鮮の核実験、ミサイル実験の成功は、アジアにおけるパワーバランスを完全に変え、「日・米・韓」対「中国・ロシア・北朝鮮」というような形で、かつての冷戦時代と同じような対立構造が出てきました。そして、南シナ海をめぐって米中の軍事的対立も高まってきている。こういうのが、いまの軍事的観点から見たアジアや世界の情勢です。ロシアとヨーロッパのあいだも、ウクライナの問題をめぐり、あるいは中東の問題をめぐり、極めて熾烈《しれつ》な対立ができているということで、世界中が軍事的に緊迫した状況にあるのです。こういう状況の中で、我々はいわゆる平和憲法の精神の下で生きていけるのだろうか。それが最大の問題なのです。

「使える核」の時代を目前にして

現在の緊迫してきた世界情勢が、過去のある時代と似ていると解釈すべきなのか、あるいは、まったく新しい事態なのか、という疑問を持つ読者もいるかもしれません。歴史は繰り返すとも言いますが、比較は非常に難しいです。かつての、例えば、第1次世界大戦が始まる前の状況と似ていると言えば言えるかもしれません。ただ、当時と根本的に違うのは、核兵器が飛躍的に発達したので、もし戦争が起これば人類が滅亡するかもしれないということです。いまだにロシアもアメリカも、全人類を滅亡させ得るだけの核兵器を持っているからです。米ロのほかにも、フランス、イギリス、中国、イスラエル、インド、パキスタン、北朝鮮、この9か国が核兵器を持っているという状況です。そういう状況の中で、本当に戦争が起こるのだろうかということになると、人類の英知を信頼して、そこまでは行かない、いや行くことができない、というのが率直な感想です。

ただ、国際的な秩序が乱れて、いろいろな国々が台頭し始めると、いつ大戦になってもおかしくないとも言えます。

第1次大戦前のバルカン半島は、火薬庫と言われていました。セルビアでオーストリア皇太子が殺されるという事件は、当時としては、それほど大きな事件ではなかったわけです。王室の暗殺はそう珍しいことではなかった。それに、戦争の中心になったドイツとイギリスのあいだには強い経済的依存関係もあった。それが、バルカン半島のさまざまな紛争を誘発し、結局、第1次世界大戦、「ドイツ・オーストリア」対「ロシア・イギリス・フランス」の戦いに発展していったのです。それにアメリカが参戦し、日本も参戦する形で、全世界的な戦争にまでさらに膨れ上がっていった。しかし、当時は戦争によって全人類が滅亡するという状況にはなかったわけで、戦争は成し得る、クラウゼヴィッツの言う、戦争によって政治目的を達成できる状況にあったのです。

いま、国際的な秩序は乱れて、それを統制する、管理する、あるいは、世界の主柱となる国が、アメリカの衰退とともに存在しなくなった。世界の警察官が存在しなくなったという状況の中で、いったい世界はどうなっていくのだろうかということが問題です。しかも、最近の核兵器の開発が進んで、「使えない兵器」から、だんだん「使える兵器」になりつつあるということを見れば、これはとんでもない状況でもあるわけです。

そういうことで、条件はいろいろ違うので、過去のある時代と似ていると簡単には言えません。そういう世界情勢の中で、軍事的観点から言うと、いまは、いかにして戦争に勝つかという観点からの対処ではなくて、人類滅亡に通じるような危険な戦争を起こさないようにするには、どうするか、別の言葉で言えば、戦争を抑止するにはどうすればよいのかを、それぞれの国が真剣に考えているということです。

そういう世界の状況の中で、日本は、いったいどう対処していけばよいのか。ただ憲法に書いてあるような理想主義的なことを叫んでいるだけで、日本の国の安全、あるいは生存が達成できるのか。サバイバルできるのか。もっと真剣に考えないといけない。

「集団的自衛権」は戦争回避の方法たりうるか

昨年（2015年）からよく聞くようになった、「集団的自衛権」というのは、この文脈の中では、戦争を起こさせないようにするためのキーワードということになる。つまり、抑止力になるということです。

いまアメリカは本当に深刻な財政難のようです。そのために、2、3年前から今後10年間、毎年10パーセントずつ国防費を削減するという方針を取りました。アメリカの国防予算は膨大ですから、その10パーセントと言っても、日本の全防衛予算よりも多い額です。ということは、予算的には、毎年、毎年、日本の自衛隊、陸海空すべての自衛隊を廃止するのと同じことを意味するわけです。そういう状況にいまのアメリカはあるので、アジアではアメリカ一国だけでは、台頭する中国の軍事力になかなか対抗できません。それを補完するために「集団的自衛権」で、米軍とともに戦える自衛隊にしていこうとしているわけです。

逆に、例えば、尖閣諸島の問題について、中国が領有権を主張して、毎日のように海警の船が、あるいは最近では軍艦までが、周辺海域まで来ている中で、日本一国だけで、中国に対抗できるのかということもあります。その観点からすれば、アメリカ軍との「集団的自衛権」という形で、共同で対処する。こういう仕組みをつくっておけば、中国の尖閣侵入・侵攻の問題は抑止できるだろう。「集団的自衛権」が中国に対する抑止力になるということです。

あるいは、例えば、南シナ海でアメリカ海軍と日本の海上自衛隊が共同作戦を行う事態になったときに、法的にどう解釈するのかということも問題になります。現状では法律的に見ても、法律解釈としても、そういう事態を想定するのはなかなか難しいですね。

そういうわけで、「集団的自衛権」が具体化するには、まだまだいろいろな障壁がありますので、いまのところは抽象的な形で収まっている。まだ具体的な運用の法律ができていないわけですから。

例えば、共同作戦をやるときに誰が指揮をするのか。アメリカ軍は、外国の軍人の指揮の下では、絶対に動かないという大原則があります。その場合、自衛隊は尖閣をめぐる作戦でも、米軍の司令官の下で共同作戦をやるのか。そうなってくると、いささか問題があるわけでしょう。そういう具体的な細部については、まだ何も決まっていないのです。いま憲法解釈を変えたり、安保法制をつくったりということはやりましたが、具体的な運用ということについては、まだまだいくつも問題があるということです。

しかし、抽象的ではあるけれども、まずは日本が集団的自衛権の憲法解釈を変更し、米軍と共同で戦うための準備体制はつくりました。そのことが中国に対する一つの抑止力として働くのではないかということですね。

海上自衛隊は今や世界第2の海軍である

先ほど、今の世界情勢が第1次世界大戦の前と似ているとも言えるとお話ししましたが、第1次世界大戦は、結局、各国がそれぞれに同盟関係を結んでいたために、最初は二国間の小さな事件が、どんどん連鎖して参戦国が増えていった。ということは、集団的安全保障とか集団的自衛権は、アメリカの戦争に我が国も巻き込まれ、とんでもないことになるかもしれないと懸念する人もいるかもしれませんね。

現在、当時のバルカン半島に比較できるのは南シナ海周辺の国々、フィリピンやベトナム、インドネシアなどです。

例えば、フィリピンが中国を相手に提訴した裁判（南シナ海に対する中国の領有権主張や人工島の建設などが国際法に違反するとして）で、オランダ・ハーグの常設仲裁裁判所は2016年7月12日、中国の主張に法的根拠がないと判断を示しました。中国が進める人工島造成などの正当性は、これで国際法上は認められなくなりました。

もちろん、中国はそんな判断は認めないと公言しています。しかし米海軍は、中国が領海と主張している海域に進出し、中国海軍と衝突することもあり得ます。

あるいは、ベトナム海軍が中国海軍にやられるとなったときに、米軍がベトナム海軍と一緒に中国に反撃できるかということもあります。それも米中の対決に発展する可能性がある。もし、米中の対決ということになれば、どちらも核大国ですから、大変なことになります。これが第3次世界大戦につながっていく可能性も大きい。そのときに、日本はどうするのか。

あるいはインドネシア。南シナ海には紛争の種はたくさんあります。ちょうど第1次世界大戦前のバルカン半島と同じで、そういう偶発的な、ささいな紛争の中に周辺の大国が巻き込まれていく。それがひいては世界大戦に発展していく。誰もベトナムと中国の紛争が第3次世界大戦に発展するとは考えていません。フィリピンと中国との関係がそんなものに発展していくとも考えていません。それでも何が起こるか予断を許さないものがあります。インドネシアと中国も、漁業権をめぐって熾烈《しれつ》な戦いをやっています。

南シナ海や東シナ海の紛争にどう対処するかを考えるときにも、第1次世界大戦はなぜ戦争に発展したのかということを、もう少し緻密に研究する必要があるのです。

昔は使えない兵器であった核兵器が、少しずつ使える可能性が出てきているなかで、どうやって戦争を抑止するか。いま日本が取ろうとしている安全保障政策、集団的自衛権の行使は、ベストかどうかは知りませんが、現状ではそれしかないのです。

しかし、先ほど言ったように、憲法を改正しないことにはどうしようもないわけです。憲法を改正しないで、米軍とどうやって共同作戦をするのか。いま、やっと、共産党も、自衛隊は憲法違反ではないと言っています。しかし、いまの自衛隊の実力からみて、これは明らかに戦力です。「陸海空軍その他の戦力は、これを保持しない」という憲法9条第2項に明らかに抵触します。

今度、18、19歳の若い人たちが初めて選挙権を与えられましたが、この人たちが憲法を読んだときに、どう思うか。日本国憲法には「陸海空軍の戦力は保持しない」と書いてある。しかし、自衛隊を見てごらんなさい。例えば、海上自衛隊の艦船なんて、すごいのですから。海上自衛隊は質的には世界第2の海軍です。装備の性能はすべて非常に良い。潜水艦などは、原子力潜水艦よりも優秀なのです。原子力潜水艦は、潜航中どうしても音が出ます。ところが、「そうりゅう」型の最新鋭潜水艦は、バッテリーだから一切音が出ない。しかも、1週間ぐらいずっと潜っていられるのです。

この「そうりゅう」型潜水艦をオーストラリアに輸出しようとしたら、フランスが割り込んでしまって、まとまりかけた話がパーになってしまった。しかし、本当は、海上自衛隊の人たちはホッとしている。そんなものを輸出してしまったら、技術的に一番肝心なところ、極秘の部分が外国軍隊の手に渡るわけです。それは困る。フランスの場合は、原子力潜水艦として建造したものをバッテリー型に代えて輸出しようとしているけれども、原子力潜水艦に全然違う装置をつけても、うまく機能しない。それで、今後どういうことになるか。海上自衛隊のある元海幕長が言っていました、「そのうちオーストラリアが、なんとか技術的に援助してくれと言ってくるに決まっている」と。現に来ているようです。

いま、中国の原子力潜水艦もそうですが、原子炉から必然的に泡が出るものだから、この泡の音を消すことができない。これはしようがないのです。原子力でエンジンを動かすわけで、原子力発電というのは、今度の原発事故以来の報道でもよく知られるようになりましたが、いったん動かしたらすぐには止められない。ということは、中国の原潜は常に泡を海中に出しているということです。だから、ソナーで見つけられやすいのです。原子力潜水艦にはそういう欠点がある。「そうりゅう」は、バッテリーだから、まったく音がしない。潜水艦というのは秘匿《ひとく》性が最大の武器です。どこにいるかわからないというのが武器で、どこにいるかわかったのでは、開戦と同時にバーンとやられて終わりです。

「そうりゅう」のような、そんな高度の潜水艦を持った海軍が、「戦力」ではないなどと、若い人たちに、どうやって説明できるというのですか。

役人や法律の玄人《くろうと》は、憲法9条の、先ほど挙げた「前項の目的を……」という文言などをゴチャゴチャと解釈し、憲法は自衛戦争を認めているのだから、そのための装備は合法だと言う。

もっと言えば、個別的自衛権、あるいは、集団的自衛権を含めて、「自衛権」というのは、これは国家の憲法以前の、自然法が認めたものだ。自分の身を自分で守るのは当たり前だ。正当防衛と同じだと、そういう説明もあるけれど、そんなことを18歳の高校生に言ってもわかるわけがないでしょう。

だから、万人が納得できるようなものにするためには、憲法改正以外にないのです。しかし、これもなかなか難しい。２０１６年夏の参議院選挙の結果、与党が3分の2の議席をとりましたから、改正に向けて動きは加速するかもしれませんが、実現までの道のりは楽なものではありません。そういう現状を踏まえて、我々はどうあるべきかを検討するためにも、もう少し、タブーとして避けてきた「戦争」や「軍事」について、もっともっと勉強しなければいけないということです。

中国という厄介な隣人

先ほども申し上げたように、戦争はなぜ起こるのかということを、人類は昔からいろいろ研究してきたわけです。我々の祖先は、縄文時代にはなかった戦争を、なぜ弥生時代に始めたのか。飢えとか、自分の欲望とか、あいつが美味いものを持っているから、暴力で奪ってやろうとか、いろいろな原因はあったでしょう。そうなると、部族同士が槍を持って戦うようになっていく。

人間というのは常に争うものなのか。人間には欲望があるわけです。食欲あり、性欲あり。

動物の世界を見ても、食い物だけではなくて、メスを争ってオス同士が戦っている。人間の世界もそういうものではないのか。その後、みんな知恵がついてきて、なんとかして人間を正しいもの、良きものにしていこうと、努力してきたけれども、人間の本性は変わらない。それが、第一の、戦争はなぜ起こるのかということの原因だということになります。

これは当然のことであって、例えば、有名な国際政治学者のハンス・モーゲンソー（1904－1980）の理論の根底には、それがあるのです。人間はそもそも邪悪なものだ。戦争を起こすのだ。対立が起こるのだ。これを防止するにはどうすればよいかという前提で、いろいろな国際政治理論を考えたわけです。これがリアリズム、現実主義の学問、あるいは理論の根底にある考え方です。

もう一つ、いままでの戦争を研究してみてわかることがあります。例えば、ヒトラーがなぜ侵略戦争を始めたのか。いまの中国と同じです。一つは「アーリア民族の優越性を世界に示す」のだということです。ドイツは「我々は第1次世界大戦で膨大な領土を失い、巨額の賠償金を課されてしまった。失われた領土を取り返すのだ」、ということでも戦争を始めた。

いま一番心配されているのは、例えば、中国。いままでも権力闘争などで国内が非常に不安定です。中国が国内的な矛盾を解消するためにいままでやってきたことは何か。まず第一に「反日教育」です。いったい「反日教育」がなぜ始まったのかを研究してみると、反日の方

ハンス・J・モーゲンソー
Hans J. Morgenthau (1904-1980)

ドイツ出身のアメリカの国際政治学者。1931年、フランクフルト大学法学部助手となるが、ナチス政権樹立後、スイス、スペインに亡命し、1937年にアメリカに移住した。1949年、シカゴ大学教授となり、1968年以降はニューヨーク市立大学教授となる。

主著『国際政治』(*Politics among Nations,* 1948)は国際政治を権力政治という視点から、きわめて体系的に分析した著作として大きな影響を及ぼした。彼の視点自体はヨーロッパでは常識に属するが、それを明快な体系的一貫性をもって理論化した功績は大きい。ただし、彼が権力政治の契機を力説したのは、当時、アメリカに支配的であった反共十字軍的発想を批判し、権力政治的アプローチは、イデオロギー的対立にもかかわらず、外交的な妥協と共存を可能にすることを論証するためであった。その意味で彼はアメリカの非合理的な外交に異議申し立てを行ったのであり、したがって、1960年代に彼がベトナム戦争批判の先頭に立ったのは首尾一貫した行動であった。(坂本義和＝記)

(『平凡社大百科事典』1985年、から引用)

向に世論を動かすことで、天安門事件で顕在化した国内矛盾を鎮静化させようとしたのです。

そして、あるアメリカの学者が言っていましたが、２０２０年になると、中国は世界で最も貧困な国になる。なぜかというと、中国はいま貧富の格差が拡大して、金持ちは自分の国の将来を信用していない。したがって、家族とお金を全部海外に逃避させている。北海道で、なぜこんなに土地が売れるのか。みんな中国人が買っているわけです。あるいは、箱根に大会社の保養所みたいなのがたくさんあった。それを、次々と中国人が買っている。そこにホテルをつくって儲けようという人もいますが、本当の金持ちは、全部自分の別荘として、一旦緩急あれば、日本に家族がみんな逃げてこられるような態勢を整えているわけです。中国人は昔からみなそうです。

それから、共産主義中国では宗教は厳しく規制されています。一部の人は仏教とか何かを信じていますが、国民のほとんど全員、大多数の人には宗教がないのです。何が宗教の代わりになっているかというと、お金儲けです。お金儲けばかり考えていて、国のことなんか考える人間は一人もいない。みんな自分のこと。自分の金儲け。こんなことが永久に続けられるものでしょうか。

いま、すでに元《げん》の価値がどんどん下がっています。みんな海外へ逃避していく。今でも中国に投資する日本企業も若干あるけれども、しかし、中国に進出したほとんどは中国から抜け出ることばかり考えています。

そして、いま中国で一番大きな問題になっているのは、国営企業も含めて企業の膨大な負債です。これからどうなるのかと言えば、国営企業はすべて、いずれなくなってしまうでしょう。みんな自分のことしか考えないのですから。

そして、中国共産党以外の人たちは、こういう体制を変えるとか、変えないとかの方法を持っていないわけです。人口が14億人を超えたようですが、その中の8500万人の共産党員、それだけ見れば大きいけれども、14億から見ればごく少数です。この少数の人たちが政治を動かし、国家主席や首相も決めるわけです。党員以外の人は、政治に一切参画できない。自分の意思では何も政治を変えることはできない。そうすると、何をするかというと、暴動です。暴動以外に、自分の意思を表明できるものがない。あまり暴動が多いものだから、去年から、もう暴動の統計を発表しなくなってしまいました。中国全土で毎日、毎日、何十万件という暴動が起こっているわけですから。

歴代中国の王朝が崩壊していった原因は、いずれもそういう反乱からです。例えば、漢の王朝が潰れたのは、黄巾賊《こうきんぞく》の乱でした。そういう反乱で王朝は潰れたわけです。いずれ、中国共産党の政権も暴動で潰れていくのではないか。

しかし、その前に、そういう、金儲けばかりで生きている人たちが、金が儲からなくなったらどうするのか。もうすでに習近平は「中国の夢」、「偉大なる中華民族の復興」を掲げて、人々の目を外へ、外へと向けています。しかし、外へ出ていくということになると、南シナ海の例でわかるように、諸外国とのあいだでいろいろな軋轢《あつれき》が起こってきます。「新しいシルクロード」と言っても、中央アジアをめぐってロシアとの関係はどうなるのか。しかも、終着点のヨーロッパが不安定になり始めた。「中国の夢」はどうなるのか。アジアインフラ投資銀行（ＡＩＩＢ）をつくって中国の繁栄をバックアップしようとしていた。しかし、イギリスがＥＵから離脱する状況になってきた。誰が金を出すのか。中国自身もそれほど金はなくなってしまった。

そして、例えば、鳩山由紀夫さんにＡＩＩＢの顧問になってほしいと言ってきた。何のためか。これは、日本から投資してもらいたいからです。現在、日本とアメリカだけがＡＩＩＢに入っていないわけです。そんな金がない投資銀行に何ができるのか。

しかも、ＡＩＩＢは最初の融資案件として、パキスタンに道路建設等の援助をすると言っている。しかし、パキスタンはそのお金を返せるのか。みんな焦げ付きになってしまいます。ＡＩＩＢに加盟した国は、中国のお金で自国の経済をなんとかしたいということを考えています。現状は、経済状態があまりよくない国ばかりが加盟国です。

そういう状況になって、だんだん中国が追い詰められていくことになると、どうなるのか。

だから、中国は強引に南シナ海で軍事力を行使しようとし、どんどん海軍力や空軍力を増強しようとしているのです。

東シナ海でも、自衛隊のスクランブルに対して危険きわまりない軍事的挑発行動を起こしている。こうなると、いつ戦争になるかわかりません。そういう、国内的に非常に不安定な国というものが戦争を起こす大きな原因になるということです。

第2章

◆

北朝鮮、核・ミサイル実験の隠された真実

北朝鮮のミサイル開発のスピード感

今年（２０１６年）の1月、北朝鮮は水素爆弾と称するものの実験に成功したと発表しました。また、6月25日にはムスダン発射に成功したとも発表しました。さらに9月9日、5回目となる核実験を実施しました。核弾頭の威力判定のための核実験だと発表しています。6月のムスダン・ミサイルは、高度１４００キロメートル以上の宇宙空間まで飛ばして、それを急角度で水平距離４００キロメートルの地域内に落下させたものです。これは、ミサイル技術としては相当高度なものを北朝鮮は獲得したと言えます。

もう一つ、彼らが盛んに主張しているのは、核弾頭の小型化に成功したということです。金正恩が弾頭を視察している写真が公表され、それが小型化した弾頭だということを世界に示しました。もちろん、宣伝的要素が大きいけれども、我々日本としては、危機管理として、最悪の事態を想定し、それに対処しないといけないということになります。

ミサイルについて言えば、北朝鮮は何種類か保持していて、スカッドミサイルは射程が３００～５００キロメートルで、韓国向けです。１９９３年に日本海に撃ち込んできたノドンミサイルは、射程は１３００キロメートルぐらい。次に、ムスダンは最大射程３５００キロ

北朝鮮の弾道ミサイルの射程

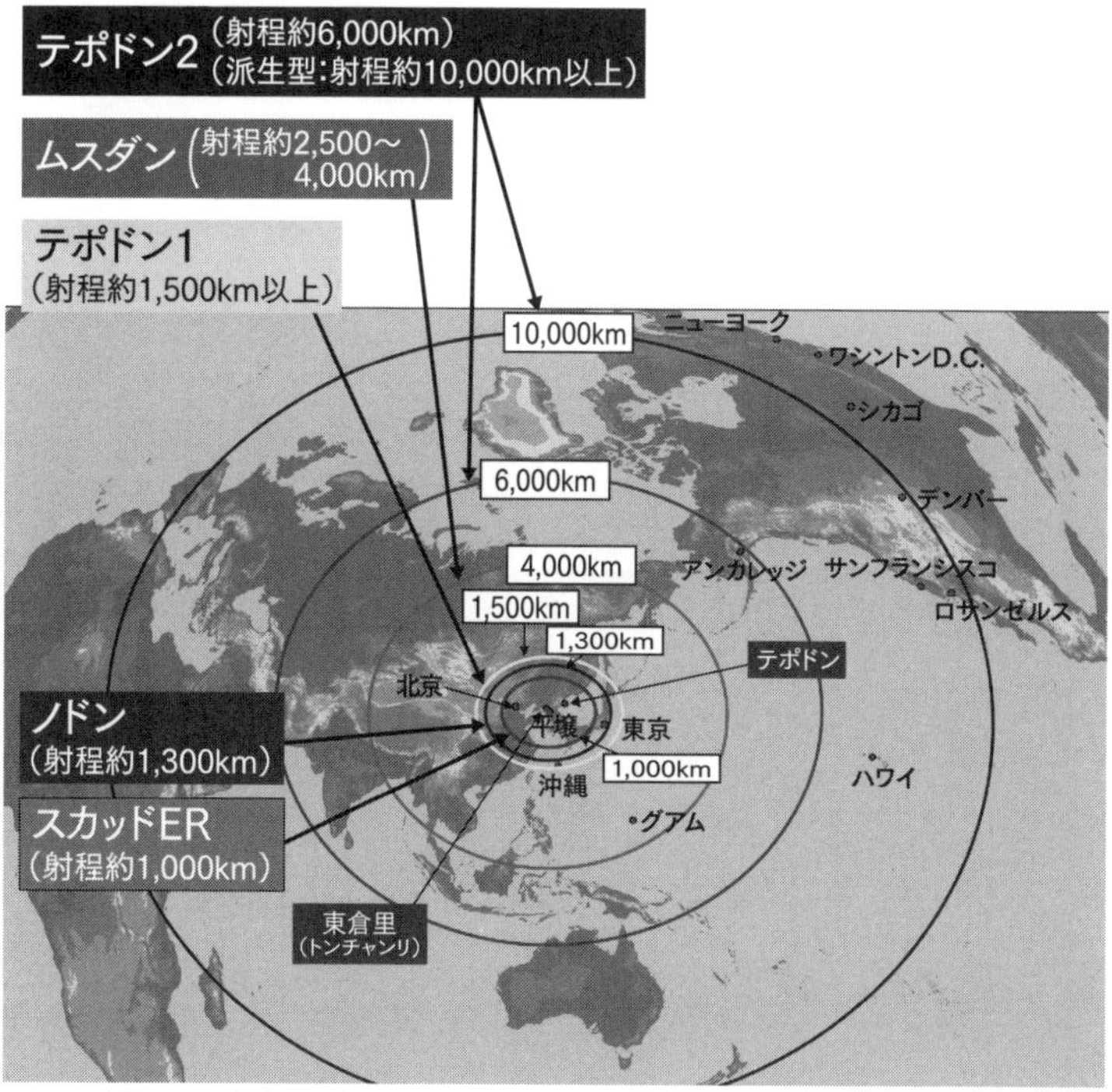

※上記の図は、便宜上平壌を中心に、各ミサイルの到達可能距離を概略のイメージとして示したもの

（『平成28年版 日本の防衛 防衛白書』から）

メートル、グアムまで届くものです。それから、光明星1号とか、2016年2月に発射実験が行われた光明星2号などもあります。これは、宇宙観測衛星を打ち上げるためのロケットだと北朝鮮は言っていますが、明らかにICBM、大陸間弾道ミサイルです。1万3000キロメートルまで飛ぶということは、ワシントンまでは届かないけれども、アラスカまでは届くということです。

8月24日には潜水艦発射の弾道ミサイル（SLBM）の発射実験も成功させました。

このように北朝鮮は、一連のミサイルの体系を、ほぼ確立したということになります。そして、最後に残っていたのがムスダンで、中距離弾道ミサイルです。今まで何回も失敗しましたが、6月に見事に成功したということで、北朝鮮はあらゆる事態に対処できるミサイルの建設を完成したとも言えるわけです。

このムスダンというミサイルは、敵に命中させるために、まず、打ち上げミサイルが宇宙空間まで行ったものが、その後、マッハ3・5という、ものすごいスピードで落下してきます。そうすると、耐熱カバーがないと、摩擦で溶けてしまいます。6000度とか7000度の熱に耐え得るだけの素材を北朝鮮は開発できたかどうか。これが大きな問題になってきます。しかし、今度はどうも成功したらしい。

要するに、北朝鮮が核兵器の小型化に成功したとするならば、これらのミサイルが実用化できるところまで進んできた。ミサイルは実戦に使える状況にだんだん近づいてきていると言えるわけです。

北朝鮮の情報管理の徹底ぶり

しかし、北朝鮮の核やミサイルについて情報はたくさん飛び交っているように見えますが、じつは、北朝鮮のことについては、本当はよくわからないのです。北朝鮮ほど、内部の情報を外に出さないことに成功している国はありません。

かつてのソ連も、防諜体制は非常に厳しかったものです。中国は今日でも、中国共産党の内部文献などは、一切外に出ません。中国共産党の中央委員会もそうですが、政治局常務委員会で何を議論しているのか、情報は一切入ってこないのです。

しかし、それでも、中国の場合は、例えば、いま、令計劃《れいけいかく》という、胡錦濤《こきんとう》の時代に弁公室の主任をやっていた、日本で言えば官房長官にあたる役職の人が逮捕されたとき、この人の弟が、内部資料をごっそり持ってアメリカに亡命しているわけです。最近、この令計劃に対して、無期懲役の判決が下りたと新聞に出ていました。

それから、かつて薄一波《はくいっぱ》という人が粛清される前夜に、彼の子飼いであった王立軍《おうりつぐん》という人物が、これは警察関係の男で、重慶の副市長をやっていましたが、自分の命が危ないというので、成都にあるアメリカの総領事館に逃げ込みました。当然のことですが、党中央の極秘資料を持って逃げ込んだことは間違いない。中国の場合は隠していても、そういう形で情報がしょっちゅう外に漏れるわけです。

ソ連の場合でもじつはそうでした。かつて、スターリンが亡くなったとき、フルシチョフの下で第20回党大会を開いて、スターリン批判をやりました。この党大会は極秘だった。それはそうでしょう。国際共産主義運動にものすごい影響を与えますから。しかし、この秘密の党大会の内容が、その後すぐにイスラエルやドイツの情報機関に入手されてしまいました。あの厳しいソ連時代の防諜体制の下でも、ソ連の極秘情報は外へ流れていたわけです。

ところが、北朝鮮の場合は全然情報が外へ出ていかない。脱北者はたくさんいて、いろいろなことを言っていますが、これはみな、政治的にはレベルが低い人ばかりで、末端の社会的なさまざまな事柄については情報が入ってくるけれども、情報の価値で言えばたいしたものは出ていません。

これまで、北朝鮮の最高幹部で韓国に亡命したのは、黄長燁《ファンジャンヨプ》という人（1923－2010）です。金日成の時代に、いまの主体《チュチェ》思想を構築した人です。私は、この人に何回か会ったことがあります。彼はいろいろなことを話してくれましたが、肝心なことは一切話してくれない。なぜかというと、彼は、金日成がつくった朝鮮民主主義人民共和国には忠誠を尽くし、その後、後継者が世襲で金正日になり、この金正日が嫌いで逃げてきた人だからです。朝鮮民主主義人民共和国そのものは、彼にとっては、自分がつくったような国ですから、それを震撼させるような情報は一切出してこなかった。

そういうことで、世界広しといえども、内部情報を完全に秘匿《ひとく》できる、良質な情報を全然出さない国というのは北朝鮮だけです。

だから、いま私は北朝鮮のミサイルのことについて話していますが、本当かどうかはわからない。言っていることが正しいかどうかも、検証する術がないからです。ただ、いままでの歴史的な経緯から見て、おそらくこうだろう、ということをお話ししたのです。

朝鮮戦争のときに、マッカーサー元帥は核兵器で攻撃しようと言いました。これを契機に、金日成は、核には核でしか対抗できない、抑止力として核を持たないといけないと決意したのです。はじめに平和利用という形で原子炉を開発し、その他いろいろなことをやってきて今日に至りました。その間50年、北朝鮮は営々と、計画的に、核兵器の開発をやってきた。その歴史的経緯と、その間の人材育成があって、ようやく今日、成功に至ったのではないか。そういうことを勘案すると、やはり我々は、先ほど言ったように、最悪の事態に備えて、それにどう対処するかということを考えたほうがよいと思います。

北朝鮮は核兵器を実際に使うのか

先ほども言ったように、北朝鮮の核ミサイルは、ほぼ太平洋全域の米軍基地を攻撃できるように、開発されてきたものです。

具体的に言うと、ノドンは日本列島全域が攻撃目標になる。

ＩＣＢＭは、１９９８年8月31日、日本列島の上を飛んでアラスカ沖まで達しました。それで、みな仰天してしまったわけです。

ノドンの標的は日本のどこだろうか、という質問をしてきた人がいます。日本のどこを狙っているかというと、米軍基地のあるところでしょう。有事のとき、日本から朝鮮半島に出て行くのは米軍で、自衛隊はそんなところへは行かないのですから。

したがって、ノドンの標的は横須賀であり、佐世保であり、岩国であり、あるいは三沢ということになるわけです。そして、沖縄です。

スカッド・ミサイルは韓国向けで、ムスダンという新しいミサイルはグアム島に向かう。そのほかのミサイルは、ハワイであり、アラスカであり、ということになるわけです。

北朝鮮が、なぜこれほど核ミサイルを開発するかということを、よくよく考えなければなりません。北朝鮮は、公式にはこういうことを言っています。要するに、国の自主権と民族の生存権を徹底的に守り、朝鮮半島の平和と地域の安全を頼もしく保障するための自衛的処置である、と。平たく言えば、金正恩政権が生き残るために、金日成主席の創建した「朝鮮民主主義人民共和国」を持続させるためにやっているのだということです。

北朝鮮はそう言っていますが、先ほど言ったように、単なる抑止力の域を超えて、北朝鮮はすでに一つのミサイル体系をつくり上げてしまった。ですから、北朝鮮は本当に戦争をやることを目的に、実戦に使うことを目的に開発しているのかということが、まず問われなければなりません。

アメリカは、広島・長崎に落とすために、最初にネバダでいろいろな核実験を行いました。アメリカの核実験というのは、日本を攻撃するための核兵器開発だった。北朝鮮の場合もそうなのか。しかし、考えてみると、北朝鮮は誰と戦争をするのだろうか。

北朝鮮の最大の国家目的は南北統一なのです。金日成は、そのために朝鮮戦争もやったわけです。

いま北朝鮮が主張しているのは、「自主的平和統一」です。「自主的」というのは、アメリカ、中国など、いろいろな外国を介在させずに、南北だけで統一をやりましょうということです。「平和的」というのは、武力を使わず話し合いで統一するということです。ですから、北朝鮮の核開発というのは、どうも朝鮮半島に使うためではないらしいということになってきます。

それで北朝鮮の核開発の一つの目的は何かというと、核兵器を持つことで大国になることなのです。中国を見てもわかりますように、どの国も、大国になりたいのです。いま、NPT条約（核拡散防止条約）で核兵器を持てるのは、国連常任理事国である五つの大国だけです。アメリカ、ロシア、中国、イギリス、フランスです。この五つの国だけですべての核兵器を独占していこうというシステムです。インドとパキスタンはNPT条約には入っていないので、核兵器の保有が認められている。ところが、ひとことも言わないけれども、イスラエルもどうも持っているらしい。これはもう公知の事実となっている。イスラエルの核兵器の標的は、イランなりサウジアラビアなり、場合によってはエジプトなりで、その前はイラクだったわけです。イラクが核兵器を持つことになる前に核施設を攻撃しました。イスラエルは小さい国だから、一発核爆弾が落ちたら終わりです。それをやらせないための兵器だと考えられるわけです。

インドとパキスタンも、やはり大国として認められたい。要するに、国連常任理事国並みの扱いをしてもらいたい。そういう感じだと思います。インドが持ったから、パキスタンも持ってしまったわけです。

さらには、もう一つの目的は外交交渉の手段としての核開発です。これまでアメリカは、非核化をするまでは北朝鮮とは一切話をしませんと言ってきた。これを「戦略的忍耐」の政策として、オバマ大統領は、何があっても北朝鮮とは会談をしないと言ってきました。しかし、北朝鮮は、アメリカと話せなければ二進《にっち》も三進《さっち》もいかない。法的には朝鮮戦争はまだ終わっていないのです。休戦協定が結ばれているだけです。いまは「シース・ファイヤ（撃ち方やめ）」にすぎない。アメリカは休戦協定違反という口実で、いつでも合法的に、北朝鮮を攻撃できる。だから、北朝鮮は危なくてしようがないわけです。そういう状況を解消したい、なんとかアメリカと平和協定を締結して、米軍に朝鮮半島から撤退してもらいたいというのが北朝鮮の本音ですが、アメリカが「非核化が先だ」と言って、話し合いに応じないものだから、その話し合いの席につかせるための一つの強制手段として核兵器を持つということです。

つまり、北朝鮮の核開発は、

①どうも朝鮮半島に使うためではないらしい、
②核兵器を持つことは大国になることである、
③一つの外交交渉の手段として使うためである、

とも分析できます。北朝鮮自身は、自衛のための処置であると言っているわけですが、果たして北朝鮮の核開発の真意は何であるかは、よくよく考えないといけない。

北朝鮮も韓国も小さな国です。しかし、いま世界で唯一、自分の国に「大」をつけているのは韓国だけです。韓国の正式の国名は「大韓民国」です。昔は日本も「大日本帝国」と言っていたけれども、それはもうやめてしまった。

北朝鮮も韓国もみんな「大」になりたいのです。大きな国だということを認められたい。しかし、国の面積や人口は、そう簡単にいかないですね。そうすると、みんなから一目置かれるにはどうすればよいかというと、昔の日本のように強大な軍事力を持つとか、経済を発展させるしか方法がない。韓国は経済を発展させ、経済大国だと胸を張っていましたけれども、今はまた萎《しぼ》んできた。一方、北朝鮮は何もないものだから、それなら核兵器を持つ。そうなると、みんなが北朝鮮には一目置く。こういう状況をつくりたい。金正恩自身も、それを明言しています。

しかし、北朝鮮の核開発の本当の目的はどこにあるのか。いま言ったように、これはもう少し真剣に分析する必要があると思います。なぜなら、関係国は北朝鮮の意向に添った形で対応しないといけない。彼らが核戦争する気もないのに、例えば、我が国が「これは脅威だ」というので、北朝鮮に反撃するために、我々も核を持とう、我々も巡航ミサイルを持とう、という具合に反応していくと、東アジアの軍事的緊張はますますエスカレートしていく。それは大変危険なことになります。

アメリカが北朝鮮と裏でつながっている可能性

日本にはSM3という兵器があります。海上自衛隊のイージス艦に搭載されています。北朝鮮のミサイルが飛んできたときに撃ち落とせる能力を持った対空ミサイルです。

SM3は、いま韓国にはありません。日本とアメリカだけが持っている。この対空ミサイルはイージス艦に積んであって、海上から発射するものです。北朝鮮のミサイルが日本列島に届く前に海上で撃ち落とそうということです。しょっちゅう発射実験をしていて、ほとんど100パーセント成功しています。

防衛省の敷地内にPAC3を置いてますが、あれは宣伝的デモンストレーションにすぎません。あんなところに置いても役に立たない。防衛省の敷地内から撃ち落とせるようなところまでノドンが飛んできたら、終わりです。

だから、日本国民に対して「やっていますよ」というアピールです。あれは意味がない。

本当に意味があるのは、海上自衛隊のイージス艦に積んだミサイルです。

ただ、６月22日のムスダンの実験によって、ああいう高高度から急速に落下してくるミサイルに対しては、ＳＭ３では対応できないことがはっきりしました。韓国はそのために、いままで中国の反対で設置できなかったＴＨＡＡＤミサイルを置くことを決断したようです。そして、日本もアメリカから買おうとしている。これはＸバンドレーダーもつけて、１基８億ドル（８００億円）です。

そんな高いものを、どうして買う必要があるのかという声が出るのも当然です。だから、北朝鮮のミサイルが今すぐにでも飛んできそうだなどと言っているのは、アメリカが日本にＴＨＡＡＤミサイルを買わせようとしているためではないのかという見方も出ています。アメリカと北朝鮮の出来レースではないのかという説もあるのです。米朝はどうも後ろでつながっているらしいと。

韓国はＴＨＡＡＤミサイルを米軍基地に置く。日本も、Ｘバンドレーダーが置いてあるのは、すべて米軍基地です。

そこには、普通の軍人は、わずか数名しかいない。あと40名ぐらいは全部技術者（軍属）です。米軍基地の軍属の大部分は、メーカーであるレイセオン社から派遣された技術者です。今度の日米地位協定改正で軍属の種類を限定すると言うけれども、こういう技術者の地位は確保するでしょうね。

　２０１６年６月22日のムスダンの発射実験の成功は、各国に大きなショックを与えました。これによって、東アジアのパワーバランスが完全に崩れました。ＴＨＡＡＤミサイルの韓国設置が象徴しているように、この一発によって米中、あるいは米ロの軍事的対決が先鋭化し始めた。北朝鮮がそれまで計算に入れてミサイル実験をやったのかどうか。もし、計算に入れているとするならば、金正恩というのは相当な戦略家だ、ということになるわけです。

　この一発、あるいは、２０１６年１月６日の水爆実験によって、状況が変わってきたのです。いままで朴槿恵大統領が中国にすり寄っていたのが、一発で消えてしまったわけです。それから、ロシアと北朝鮮の関係も非常に緊密になってきた。同時に、韓国が日米のほうに転向してきた。これは最初からアメリカが予期していたことで、韓国を日米の陣営に引きずり込むためには、何よりも日韓の和解が重要だと言っていました。

　まずアメリカがアクションを起こした。日韓が慰安婦の問題などで対決していては不都合だということで、まずスーザン・ライス（国家安全保障担当・米大統領補佐官）が２０１５年６月頃、韓国を訪問。朴槿恵大統領と会談して、落としどころを検討し、それに基づいて、２０１５年８月15日の安倍談話が出ました。その中で、慰安婦というのは、国家権力が強制的にやったものではない、民間業者が連れていったものではあるけれども、慰安婦を管理したのは日本軍だから、日本の国家権力がこれに間接的ではあっても関与している、と表明しました。その結果、賠償金という形ではないけれども、韓国側で慰安婦を支援するための基金を作っていただいて、それに対して10億円を出資する。こういう趣旨のことを言ったわけです。

この安倍談話に対して、日本の保守陣営の中では激怒した人もいます。しかし、これは安倍さんのイニシアチブではなくて、アメリカの強要、強い要請による談話です。そこまで言わないと、朴槿恵大統領は「うん」と言わない、朴槿恵大統領が譲歩できるギリギリの線がそこだったわけです。その間、韓国内でも異論が出るということで、いろいろ難しいことはあったけれども、結局、12月28日、御用納めの日に、岸田文雄外務大臣が急遽《きゅうきょ》ソウルへ飛んで、日韓の合意を成立させました。

これは、アメリカの要請の結果であったわけですが、しかし、北朝鮮はそれに応えるように水爆実験をやった。そこまでアメリカは計算していたかどうかは知りません。だが結果として、途端に、中国と韓国の仲がおかしくなり始めた。韓国の世論もいろいろあって、中国にすり寄らないといけないという人もたくさんいて、紆余曲折はあったけれども、中国と韓国の関係は悪化しました。

２０１５年の一連の動きを見ていると、まず、10月10日の朝鮮労働党創建紀念日に、中国のナンバー5、劉雲山が北朝鮮を訪問して、金正恩と抱き合ったり、軍事パレードを一緒に見るなど、それを見ている我々が中朝関係はいったいどうなっているのだと訝《いぶか》しむような演出をやったわけです。ところが、中国と北朝鮮がうまくいくのかと思ったら、一転して、例の牡丹峰《モランボン》という楽団が北京を訪問し、それをめぐって北朝鮮と中国のあいだで揉め事があって、急遽、公演を取り止めて楽団は平壌《ピョンヤン》へ帰ってしまった。北朝鮮と中国の関係は完全に冷却した。それで、中国の反対を押し切って水爆実験をやってしまったとも言われています。

こういう複雑な動きを見ていると、その間、すでに北朝鮮とアメリカとのあいだでは、いろいろな形で非公式の対話が持たれていたと考えられます。米朝・中朝、あるいは米中の関係がいったいどうなっているのかよくわかりませんが、我々はもう少し、軍事的な観点からも見ないといけない。THAADミサイルとか、ムスダンの実験とか、そういうものが軍事的にどういう意味を持っているのか、それが政治的にどのような影響を与えるのか、ということを理解しないことには、複雑な国際関係の動きの背景にあるものは理解できません。残念ながら、我々はそういうことについて表面的な理解しかできない。「ああ、ムスダンが飛んで来た。五回も失敗して、やっとか」という程度でしょう。失敗の技術的な意味をどう考えるのか。

攻撃用ミサイルやXバンドレーダーのことを我々は知らないし、最初に言ったように、核に関する認識は、70年前の広島・長崎から全然進んでいないのです。

見誤られたアメリカの意図

かつて、佐藤栄作首相の時代、ちょうど東京オリンピックのときに、中国が最初の核実験をやりました。そのとき、日本もこれに対抗して核武装すべきだ、核を開発すべきだという意見がたくさん出ました。ところが、1973年にNPT条約ができて、それに日本も加盟することになった。核保有国は5大国に限る。非核保有国が核燃料の供給や原子力発電所を稼働させるための技術援助を受けるためには、NPT条約に入らないといけない。そういう条約です。当時、北朝鮮も入りました。その後、脱退してしまった形にはなっていますが。

それから日本では核武装論は急速になくなってしまいました。我々は核兵器の開発はやらない。しかし、その代わりに、ミサイルにも転用できるロケットの開発についてアメリカは文句をつけるなということになりました。宇宙開発という形でやることにしたのです。糸川英夫博士のペンシルロケットから始まった日本のロケット開発は、今日ではH2AとかBとか、世界最高級のロケットができています。これは発射の角度を変えれば、簡単にICBM（大陸間弾道ミサイル）になります。だから、アメリカはそれに対して一番警戒しているのです。もしそれに日本が核弾頭を積めばどうなるのか、というわけです。

今日、アメリカと中国とのあいだでは、日本の核武装についてさまざまな議論が行われています。つい最近も、バイデン副大統領が北京を訪問して、北朝鮮の核実験について、「あなた方は北朝鮮に対して影響力を持っているのだから、それを行使して北朝鮮の核ミサイルをコントロールしなさい」と言いました。もし、北朝鮮が本当に核兵器を持つことになったら、日本も核武装をしますよと脅したのです。しかも、「日本は一夜にして核保有国になれますよ」と警告しました。ずっと以前に、キッシンジャーも周恩来に同じことを言っています。

北朝鮮の核開発について、なぜアメリカは執拗に反対するのか。北朝鮮の核がアメリカに飛んでくるから怖いなどとは、アメリカはまったく思っていません。北朝鮮が1発や2発の核兵器を持っても、アメリカにとってはなんということはない。アメリカは巨大な核大国ですから、そんなことを北朝鮮がしたら、あっという間に北朝鮮なんかなくなってしまいます。そんな国家の生存を賭けて、北朝鮮がアメリカに核を撃ち込むことなどあり得ないと思っているわけです。核実験をやめろと、いろいろなことを言っていますが、アメリカの本心は違う。

では、なぜ、あれほど執拗に反対するのか。北朝鮮の核開発が、韓国、日本、台湾、この

3か国の核開発を誘発する。それを避けたいからなのです。そんなことになると、いまの核拡散防止条約の体制が一挙に崩れる。それが第一なのです。北東アジアにおける核拡散を是が非でも防止したい。そうでなくてもインド、パキスタンは核を持っているわけです。北朝鮮が核を持つことによって、韓国や日本だけでなく、場合によっては、中国とロシアのあいだにあるモンゴルも持ちたいと思うかもしれない。あるいは、台湾。中国の台湾侵攻に対して、唯一守れる兵器は核兵器でしょう。そうなると、アジア全域に核が拡散する。手がつけられない状況が発生してしまう。アメリカの真意は、それを避けたいのです。

アメリカは、一方でそういうことを言いながら、もう一方で、我々の「核の傘」は健在だと言っている。「核の傘」のことを、まともな言葉では「拡大抑止」と言います。それは何かというと、アメリカは核兵器によって、ロシアからの核兵器によるアメリカ大陸への攻撃を抑止する。これが普通の「抑止」ですね。しかし、アメリカ以外の国のための「抑止力」としても、アメリカの核兵器を使うということです。それを別の言葉で「核の傘」と表現しているわけです。そのアンブレラで、日本も韓国も守ると、アメリカはしきりに言うのです。

ところが、例えば、中国がアメリカ大陸を攻撃できる大陸間弾道ミサイルを持っている。北朝鮮も持つようになった。そのとき、もし北朝鮮が、あるいは中国が、日本に対して核攻撃をするといったときに、アメリカはそれに対して反撃してくれるのか。中国のミサイルが、北朝鮮のミサイルが飛んでいってニューヨークを破壊する、あるいはカリフォルニアを破壊するという状況が出てきたときに、日本のためにアメリカ市民を犠牲にしてまで傘を差しかけてくれるのか。絶対にノーでしょう。そうなるとアメリカの核の傘が信頼できなくなる。そういう状況では、日本や韓国が、自主的に核兵器の開発をやってもしようがないだろう、という状況になっています。

いま、アジアでも北朝鮮の核ミサイルの高度化によって、アメリカの核の傘の拡大抑止が信頼できないという状況が次々と生まれているのではないかということです。

かつてキッシンジャーも言いました。「我々の街を犠牲にしてまでヨーロッパなどは絶対守らない、そんなことはあり得ない」と。ヨーロッパがソ連の核攻撃に遭うとき、アメリカは助けてくれるか。アメリカがそのときソ連を核攻撃したら、アメリカはソ連の核攻撃の犠牲になります。アメリカの市民が死にます。ニューヨークが崩壊します。そんな犠牲を払ってまで、ヨーロッパを守るわけがないだろうという話です。

先ほど言いましたが、アメリカは裏で北朝鮮と非公式につながっているのではないかという疑惑を持ちながら、アメリカは現時点で何を意図しているのか、そういうことを常に考えながら、日本は日本の方針を立てないといけないのです。多くの人は、そういう拡大抑止に関する軍事的な知見が何もないものだから、結局、アメリカの言う通りにしか政策を決定できないのです。そこが問題です。だって、アメリカが言っていることに誰も反論できないのですから。反論できるほど勉強している人は為政者には誰もいません。

アメリカに限らず、どの国でもそうですが、自分の国を犠牲にしてまでよその国のために働くような人はいません。みな何のために働いているかというと、自分の国の利益のため、国益のためです。アメリカはアメリカの国益になるから日本を助けるわけです。アメリカの国益になるから、いま中国と対決しているわけです。そこを忘れてはいけません。

だから、我々が最初にやらないといけないことは、世界の情勢というのは、残念ながら、いまでもそうですが、アメリカの行動に対する反応だということで、それを見誤らないことです。アメリカの行動によって世界の情勢は変わってくる。だから、いまアメリカが何を考えているのか。アメリカは本当に何をしようとしているのか。そういうことを我々はもっともっと知らないといけない。そのためにどうするのか。『ニューヨーク・タイムズ』や『ワシントン・ポスト』ばかり読んでいてもダメです。では、ホワイトハウスにスパイを入れるのか。イスラエルなどはやっていますけれど、日本の力では不可能です。

では、何をやるか。アメリカは民主主義の国だから、いろいろなことをみんな議会で証言するわけです。議会の公聴会というのがあって、議員の質問に対して、国防総省の、あるいは国務省の、いろいろなところの人たちが証言するわけです。その証言を丹念に読んで、いったい国防総省は、北朝鮮の核についてどのように考えているのかを分析しないといけないのです。

かつて、元外交官の岡崎久彦さん（1930－2014）がしょっちゅう主張していたことですが、我々はもっとアメリカを知らないといけない。アメリカの真意を知らないといけない。岡崎さんは、それに従ってアメリカとイギリス、要するに、アングロサクソンの国々と仲良くしていくことが、歴史的に見て日本が一番得な路線だということを言ってました。

しかし、私が言いたいのはそうではありません。我々が我々の政策を考えるときにも、アジアの場合の第一は、アメリカが何を狙っているのかを知ることです。南シナ海の問題もそうです。中東から日本に来る石油タンカーは全部南シナ海を通って来ます。いろいろな貿易船もすべて通っています。だから、日本経済にとって、南シナ海の航行の自由というのは死活問題です。しかし、こんなところは、アメリカ経済にとっては何の関係もない。にもかかわらず、なぜアメリカは「航行の自由、航行の自由」と言って、あそこに軍艦を出したり飛行機を出したりしているのか。日本がやるのはわかりますが、その意図はどこにあるのか。

アメリカは、海南島に基地がある中国の原子力潜水艦があそこを通って秘かに太平洋に行くのがイヤなのです。一番の目的は、やはり軍事的なものです。中国の、SLBM（潜水艦発射の大陸間弾道ミサイル）を積載した戦略潜水艦、晋《しん》級潜水艦がいるのは海南島の基地です。

海南島の基地から南シナ海の深いところを通って、秘かに太平洋に出てくる、中国海軍のSLBMには巨浪1とか2とかがありますが、このミサイルはまだ7000キロメートルぐらいしか飛ばない。だから、南シナ海から飛ばしても、ハワイにも届かない。太平洋に出てハワイ近辺から撃つと、やっとワシントンに届くわけです。もし中国がアメリカの先制攻撃を受けたときに、地上配備のミサイルは全部壊されるだろう。しかし、潜水艦に積んだミサイルが秘かに第2撃としてアメリカに報復する。こういう状況ができれば、アメリカは先制攻撃をしないであろう。これが中国の狙いです。

こういう、かつてソ連とアメリカとのあいだに存在していた「相互確証破壊」と同じような状況を、米中のあいだで確立できれば、中国は安全が守られるということです。ですから、アメリカにとっては、南シナ海で、中国の潜水艦の進発を阻止する、あるいは、そこで発見・追跡する、そういう状況をつくらないといけません。そして、アメリカの場合、潜水艦を潜水艦だけで追いかけるのではなく、P8とか、非常に高性能な対潜哨戒機がありますから、これがいま南シナ海で監視しているわけです。中国は人工島をつくり、滑走路を整備し、さらに、その島を領土として、そこに航空識別圏を設定し、そこに入ってくる飛行機を撃ち落とすという。こういうシステムを中国がつくれば、アメリカの対潜哨戒機も安全に飛行できなくなる。それによって、潜水艦は秘匿される。太平洋に出てしまえば、どこにいるかわからない。そうすると、中国にしてみれば、「もしそちらが先制攻撃するのなら、こっちだってやりますよ」という態勢ができる。

そうさせないためにこそ、アメリカは南シナ海の制空権なり、あるいは航行の自由というのを確保しないといけないのだということです。これは、なにも日本のためにやってくれているのではない。日本の商船、貨物船が自由に航行できるために、彼らは「航行の自由」を守ってくれているわけではなくて、彼らは彼らの安全保障上の観点から、南シナ海の重要性を考えているからやっているだけです。そこを勘違いしてはいけません。

北朝鮮の核・ミサイル実験を韓国はどう見ているか

北朝鮮の核実験について、韓国政府や識者、軍人は、大変脅威を覚えて、やはりアメリカと手を組まないと安全は守れないという考えです。やはり北朝鮮に対する中国の影響力には限界があるということで、高高度のTHAADミサイルを導入することを決意しました。いまは、これをどこの米軍基地に設置するかということで、いろいろ議論しているところです。

しかし、じつは一般の韓国国民は、北朝鮮の核についてはほとんど危機感を抱いていないのです。同じ民族だから、北朝鮮が南に対して核攻撃することは絶対にあり得ないと考えている。南北統一した暁には、自分たちの核兵器にもなるという考えです。

そういうことで、一般の人たちと政府要人や軍人との感覚は少しずれています。韓国の一般民衆は、北朝鮮は絶対に韓国に対して核は使わないと確信している。それはそうでしょうね。あんな狭い国でそんなことをしたら、南北ともすべて崩壊しますから。この2016年4月の終わりまで、米韓は合同軍事演習をやっていました。それは北朝鮮に対して先制攻撃を行うための演習でしたが、一般民衆は、これに対してはかなり冷淡でした。

2015年までは朴槿恵大統領が中国にすり寄って、中国の影響力で北朝鮮を説得してもらって、韓国主導の南北統一をやっていこうというようなことを画策したわけです。

朴槿恵大統領が、なぜ、中国にすり寄って、中国経由での南北統一を考えたかということについては、歴史的な背景もあります。中国に対する韓国あるいは北朝鮮の人たちの認識は、日本人とは少し違うのですね。

一つは、李王朝の頃まで、中国からずっといろいろな形で支配を受けてきて、言うなれば、中国が宗主国であって、その下に従属してきた。あるいは保護を受けてきた。華夷《かい》秩序の下で、朝鮮半島の国々は中国の秩序の体系の中にすっぽり入っていたということです。逆に、中国にとっても、朝鮮半島全体が中国のテリトリーという感覚を持っているわけです。

しかし、歴史的に見て、朝鮮民族には中国に対する憎しみも一方である。何回も何回も中国に支配されてきたわけですから、中国に対して屈辱感と同時に、恐怖感もあるわけです。筑波大学の古田博司先生がよく言いますが、朝鮮半島は地形的に見ると、中国からものすごく侵略されやすい形になっています。特に西海岸のほうは何も遮るものがない。昔から、鴨《おう》緑江《りょくこう》から数日にしてソウルまで中国軍が来るというような状況です。

そういう地政学的な観点から見ても、中国には常に支配され、侵略されて、大変な恐怖感もあるわけです。しかし、一方で、大変な敵対心、憎しみもあるということで、朝鮮民族の中国に対する感情というのは非常に複雑なのです。

統一をめぐる南北の思惑の違い

朴槿恵大統領は、慰安婦問題や歴史認識で、「反日」の立場でしたから、中国とのあいだには、「反日」という共通点がありました。その他、戦前の韓国臨時革命政府や光復軍に対する中国の支援など、さまざまな歴史的要因が、朴槿恵大統領を中国に近づけていたわけです。

しかし、朴槿恵大統領を中国に近づけた最大の政治的要因は、朝鮮民族の悲願である南北統一の問題です。

いままで、金日成《キムイルソン》や李承晩《イスンマン》などがやってきたのは、武力によって朝鮮半島を統一するということです。しかし、それは、朝鮮戦争を見てもわかるように、大変な犠牲を払うものでした。朝鮮戦争のとき200万~300万の犠牲者が出ましたが、今日、核兵器も含めて、軍事技術が非常に高度になってきましたから、再び朝鮮戦争を起こすと、本当に朝鮮民族が地上からいなくなる可能性もないわけではない。だから、南北ともに軍事力による統一というのはあり得ない。そうすると、話し合いによる統一しかないということで、韓国では左翼政権の時代、盧武鉉《ノムヒョン》政権の時代や金大中《キムデジュン》政権の時代、特に金大中大統領は、何回か北朝鮮を訪問して、当時の金正日総書記といろいろ話し合いの機会を持ちました。

かつて金日成主席が出してきた統一の構想というのは、「高麗《こうらい》民主連邦共和国」をつくろうではないかというものです。北朝鮮は、前にも触れましたが、「自主的平和的統一」というのが終始一貫したスローガンです。「平和的」というのは、戦争はしない、武力による統一はしない、ということです。だから、話し合いによる統一ということになるけれども、北朝鮮がしきりに言っているのは、これは、アメリカの援助や中国の援助を受けたり、あるいは日本の援助を受けるという形で統一するのはやめようということです。南北だけの話し合いで統一する。これを北朝鮮は「自主的統一」と言っているわけです。

ところが、韓国にとって、「自主的統一」ということで、南北が統一して、例えば、選挙で政権を選ぶことになると、北のほうは、いまの体制から見れば、100パーセント北朝鮮の側に投票するわけでしょう。ところが、韓国の場合は、形の上では民主国家だから、いろいろな考え方があってバラバラになる可能性がある。結局、話し合いで統一と言っても、北朝鮮が主導する南北統一ということになってしまう。韓国にとってはこれは困るということです。

だから、朴槿恵が大統領になったときに、最初に南北統一をスローガンに掲げましたが、問題はどうやって統一を実現するか、ということです。当然、北朝鮮への影響力がある国の協力が必要だと考えたはずです。アメリカは北朝鮮と敵対的関係にあるわけだから、アメリカに協力をあおぐわけにはいかない。ですから、歴史的に考えても、一番影響力のある中国に話をつけてもらって、韓国主導の統一をやっていこうと、彼女はそう思ったわけです。そこで韓中の友好関係を演出しました。

それのピークになったのが、去年(2015年)、9月3日の抗日戦争勝利70周年の軍事パレードです。朴槿恵大統領は天安門で、習近平やプーチン大統領と肩を並べて軍事パレードを閲兵しました。そこには、崔龍海《チェロンヘ》という北朝鮮の代表もいました。しかし一番末席に立っていた。中国は、我々は韓国とも友好関係にあり、同じ友好関係にある北朝鮮との南北統一を成就《じょうじゅ》させようという姿勢を見せたということです。その頃がピークでした。

そのあと、10月10日にピョンヤンで朝鮮労働党創建70周年記念の軍事パレードがあったときに、中国のナンバー5と言われる劉雲山という人物、七人の政治局常務委員の一人で、中国共産党の最高実力者と言われる人物です。これが北朝鮮を訪問して、金正恩と抱き合って同志の挨拶を交わし、にこやかに、朝鮮人民軍の軍事パレードを見ました。これは、形の上では朴槿恵大統領の意を受けて北朝鮮に説得に行ったと取れないこともない。その後、それに応えるように、北朝鮮は「牡丹峰《モランボン》」という若い女の子の楽団を友好訪問という形で北京に送り、党の要人に観賞していただくというスケジュールを組みました。ところが、なぜかそれがキャンセルになって北朝鮮に帰ってしまった。なぜキャンセルになったかについては、いろいろな説がありますが、一つは、その直前に金正恩が水素爆弾の実験の話をし、そして、「牡丹峰」楽団が演奏するとき、バックスクリーンに、北朝鮮がミサイルを発射する映像を映した。そのリハーサルを見て、これでは習近平以下の中央の幹部は出席できないということになったという説です。それで、中国と北朝鮮のあいだがどうもおかしいということになって、年が明けた1月6日に、北朝鮮は水爆実験を実行した。中国の南北統一への説得に対する、北朝鮮の拒否反応とも受けとれます。

北朝鮮による水爆実験を見て、逆に朴槿恵大統領も、中国は北朝鮮に対して何の影響力もないのではないかということになって、北朝鮮の水爆実験に対抗するために、再びアメリカや日本の側に傾いていったという経緯です。

そのあと、6月の2発のムスダン・ミサイルの発射など、相次ぐ北朝鮮のミサイル実験の成功によって、東アジアの戦略環境は一変しました。再びTHAADの問題が浮上してくると、韓国政府は中国の強い要請を蹴って、アメリカのTHAAD配備を認めることになった。そうなると、これは北朝鮮問題どころではなくて、中国自身の安全保障問題になってきます。それから、ロシアもアジアの戦略環境の安定を乱すとしてこれに反対する。そして、ロシア・中国・北朝鮮が、アメリカ・日本・韓国に対峙するという、冷戦時代とまったく同じような構造が再び出来上がりつつあります。

「南北統一のコストは日本に負担させよ」

いったい、朴槿恵大統領は何をやったのか。結果的には何もできなかったのです。南北統一が最初から彼女の政策の根底にあって、しかも、韓国主導による南北の統一以外の道はない。これは、韓国の歴代政権はすべてそうであったように、民族の統一、祖国の統一が悲願でした。

一方、北朝鮮です。北朝鮮も先頃、国会にあたる最高人民会議が6月29日に開かれましたが、その決議で、いままで非政府組織であった祖国平和統一委員会を、政府の機関に格上げしました。いままでも書記局は政府の中にありましたが、形の上では民間団体で、北朝鮮政府が直接声明を発表すると刺激が強過ぎるという場合、政府に代わって韓国を非難したり、南北統一問題その他についてこの委員会がいろいろ代弁していたわけですが、今回の決議で、正式に政府の組織になりました。韓国の統一部と同じになったわけです。

そういうことで、北朝鮮側も終始南に統一を呼びかけています。特に5月の党大会のあとからしきりに、南北の対話をしようと持ちかけている。

最近は、南北の軍事的対立が先鋭化し、偶発的な事件がきっかけになって戦争が起こる可能性も出てきた。だから、北朝鮮はまず軍事会談をやろうじゃないかと言っている。いま言ったように、南北統一のための組織も国の機関に格上げして、いまの南北にとって最大の問題は、祖国の平和的統一だと、韓国を話し合いの場に引き出そうと躍起になっています。

これに対して朴槿恵大統領はまったく応えない。これに応じるということになれば、北朝鮮側に主導権を取られるからです。

韓国は、かつては国民挙げて「民族の統一」を叫んでいたわけですが、今日では、現時点で統一するのはいかがなものかという意見も出始めています。いまの北朝鮮の経済と韓国経済の格差がどんどん大きくなってきたからです。特に東西ドイツ統一の例を見て、そんなにべらぼうな格差があったわけではないにもかかわらず、西ドイツのほうが、ものすごく大きなコストを負担したからです。あの西ドイツですら、アップアップしたような状況でした。

ところが、いまの韓国と北朝鮮で経済格差がこれだけあるときに統一すると、南北双方ともに、経済的に沈没する可能性が高い。それを韓国では負担できないという認識になって、統一ではなくて、まずはもう少し北朝鮮の経済を立て直してあげようという形に変化してきたのです。

例えば、金大中大統領とか盧武鉉大統領は、なぜ北朝鮮にあれほど金を注ぎ込んだのか。これは、そうやって北朝鮮をもう少し経済的に浮揚させたいという思惑があったからです。「親北朝鮮」と非難されていましたが、統一のコストを下げたいというのが真意でした。ところが、現在は韓国も経済的に苦境に陥っているものだから、真剣に南北統一を望んでいる人たちの数がどんどん減ってきているわけです。

しかし、南北統一は悲願だということになれば、南が負担できないそのコストを誰に負担させるかということになって、要するに、南北が分かれた原因の一つは日本ではないか。日本の責任だから、統一のコストを日本に負担させろと、こういう議論がもちろん出てくるわけです。金丸信先生はそれに応じようとしたのです。

南北が分裂してしまった原因は日本だということの一つの理由は、戦後、38度線から北はソ連軍、南はアメリカ軍が占領したわけですが、しかし、なぜ38度線の北をソ連軍が占領したかというと、38度線以北は関東軍が管轄し、以南は朝鮮軍が管轄していたからです。双方とも同じ日本軍ですが、朝鮮軍は関東軍の隷下にはありませんでした。そして、関東軍はソ連に降伏し、朝鮮軍はアメリカに降伏したわけです。それで、北朝鮮にいた日本人はシベリアに連れていかれたのです。

そういうことで、もともと日本が38度線を境に分けたからそうなったのだと言われれば、そうです。しかし、南北を分裂させた張本人はアメリカでしょう。ところが、アメリカに統一の費用を負担させろという声はまったく出ません。

韓国のアメリカに対する感情も、政府と庶民では違います。例えば、かつて2002年、金大中大統領の時代に、韓国の女の子が米軍の戦車に轢《ひ》き殺されたことがありました。それで一挙に反米デモが起こった。

韓国民は、米軍のそういう事件を、もちろんけしからんと思っているけれども、同時に、米軍は韓国軍と一緒になって朝鮮戦争を戦い、大韓民国を守ってくれたという気持ちもある。韓国軍は朝鮮戦争でもベトナム戦争でも米軍と肩を並べて戦いました。いま日米同盟と言っていますが、米軍と日本の自衛隊が肩を並べて戦争をしたことはないわけです。ですから、米軍と韓国軍の関係と、米軍と日本の自衛隊との関係には、雲泥の差があります。

この人たちは、我々と一緒に肩を並べて血を流して戦ってくれた人たちだ。一緒に血を流した戦友というのは特殊な関係になるわけです。

その時々の感情で動く人たちはもちろん韓国にもたくさんいます。それが時にポピュリズムという形で大きくなったりします。しかし、ちょっと心ある人たちは、そういうことが頭の中にあるので、米軍に対する感情は、日本に対する感情とは少し違うわけですね。

今ごろ「38度線」というドラマが中国で放映される理由

最近、中国の電視台（テレビ局）CCTVが夜のゴールデンタイムに、新しく「38度線」という番組を始めました。満州にいた中国の若者が、アメリカに反抗するために立ち上がって、朝鮮戦争に参戦して、米軍と戦ったという話の連続ドラマです。

なぜ、この時期に「38度線」というドラマを放映したのか。これは、主人公が義勇軍として北朝鮮を助けに行った話です。そのドラマの中で、米軍とは熾烈《しれつ》に戦ったけれども、韓国人が捕虜になったり、倒れたりしているときには、主人公は援助の手を差し伸べる。憎きはアメリカだと、こういうストーリーのドラマをいま中国はテレビで放映しているのです。これが韓国人にも大変微妙な感情を呼び起こしています。このように、中国人はよく朝鮮半島の人たちの気持ちを汲んで、いろいろな行動を取るわけです。そこが日本と違うところです。日本は単純に、「なぜ、朴槿恵は朝鮮戦争のときには敵だった中国にすり寄るのか」となるけれども、違うのです。

朴槿恵大統領のお父さん（朴正煕《パクチョンヒ》）は、戦争中は満州国軍＝日本軍の岡本中尉でした。岡本中尉は、日本が戦争に負けたときに、日本軍の将校だった。しかし、戦争が終わって、いよいよ朝鮮半島の解放だというとき、朴正煕は反日の韓国臨時革命政府の軍事組織だった光復軍に参加して、光復軍と一緒に朝鮮に乗り込んで活動しようと中国に入ろうとしたのです。ところが、当時、南朝鮮を占領していた米軍が、光復軍という形で集団的に韓国に入るのはまかりならんというので、パラパラと帰国するしかなかった。朴正煕大統領は、日韓条約を結んだということで、親日派の元凶として韓国で批判されたりしています。朴槿恵大統領は、そういうことがあるから、余計に反日の色彩を強くしたという面もあるわけです。しかし、朴正煕は決して親日ではなかったのです。

朴槿恵大統領が、何回目かの中国訪問で行った先が上海の臨時革命政府の旧跡でした。その後、重慶へ移動し、そこで「光が再び来る」という意味の「光復軍」の昔の司令部と称する建物を再建する計画に習近平と合意し、その前には安重根の記念碑をつくり、さらに、2014年5月、光復軍第2支隊の所在地だった西安市にその活動を称える記念碑を設置したのです。

朴正熙という人は、日本の士官学校に入っていろいろな軍事訓練を受けました。そういう朝鮮人はたくさんいました。その中には、日本軍と戦うというパルチザンも大勢いたのです。「四人の金日成」がいたと言われています（李命英『金日成は四人いた』成甲書房、２０００年）。一人は、日本の士官学校を出て、満州の抗日パルチザンに入って日本と戦った。そういう金日成もいたのです。

中国のほうも、朝鮮戦争のときは義勇軍として参加したけれども、我々はアメリカと戦いに行ったのだと言う。韓国と戦ったわけではないということです。

こういうテレビドラマをいま中国で放映しているのです。中国のテレビというのは、すべて中共中央宣伝部の管轄下にあるわけですから、結局、中国共産党の意向、もっと言えば習近平の意向がそこに反映されているわけです。

日韓スワップ協定の復活はあるか

朝鮮戦争のことがあるから、韓国人は中国を憎んでいると単純に思ってはいけないということです。

南北とも中国と共通しているのは反日です。反日では三者は一致しているのです。

2016年7月に駐日大使になった、李俊揆《イジュンギュ》さんが、スワップ協定の復活ということを口にしています。

何度も言いますが、ここにきて韓国経済がおかしくなってきた。外貨準備高がどんどん減っている。ウォンがどんどん下がって、日本は円高になってくる。そうすると、貿易上は韓国にとって非常に有利な状況が起きてきますが、ますますウォンが下がって、ウォンが暴落して、流れ出ていくというのを止めなければならない。

スワップ協定というのは、「通貨危機の際の金融市場の安定のため、一定レートで通貨を融通し合う二国間における金融協力の強化」をさしますが、日韓のスワップ協定について言えば日本が韓国に対して金融経済支援をするということです。2001年7月のアジア経済金融危機のときから始まったものですが、これを2015年初めに韓国は断ったのです。当時は「もう必要ない。我々はたくさん外貨もあるし」ということでした。それが、いま危機的状況になり始めた。そこで、そのスワップ協定を復活させて、ウォンの暴落、投げ売りを防ぎたいというわけです。そうしないと、国の経済が崩壊しますからね。

日本はどんどん円高になって、この度、イギリスがEUから離脱すると決まったとき、一番得したのは誰かというと、日本とアメリカなのですよ。ポンドもユーロも暴落して、なぜか円とドルがバンバン上がっていった。円が高くなるということは、国際的に見て日本経済が健全だということの証拠なのです。そして、同時に国債も高くなっているわけです。だって、日本の国債とアメリカの国債をみんな買いたくて、高くなっている。その代わり、金利が低くなっているわけでしょう。これは何かというと、日本政府は償還するときに、利子分は払わなくてもいいということです。むしろマイナスになったりしている。だから、ある意味では、借金がどんどん減っているようなものです。財政健全化にも大いに役立っている。

ところが、元《げん》も含めて、それ以外の通貨はみんな暴落しているのです。一番損をしたのは、イギリスと結託して何かをやろうとした元ということになるわけです。だから、一番打撃が大きかったのは中国です。元がどんどん下がっている。

そういう中で、このほど日韓政府間でスワップ協定の復活に合意しました。韓国も円の力を見直したのでしょう。

（THAADミサイル防衛システムの威力）

軍事の話に戻すと、THAADミサイル防衛システムの配備については、韓国にはまだ配備していないけれども、これを配備しないと、北朝鮮のミサイルに対抗できないということで、どうしても北朝鮮のミサイルに対して、高高度のTHAADを米軍に導入してもらい、それで韓国を防衛してもらおうということになっています。そのために、いろいろな場所を選定しています。

THAADというミサイルそのものも問題だけれども、最大の問題は、それに付属しているXバンドレーダーです。前にも言ったように、日本にはまだTHAADミサイルは設置されていませんが、米軍のXバンドレーダーはすでに青森県の車力《しゃりき》と京都府の一番先、与謝《よさ》半島（丹後半島）の先端にある経ヶ岬《きょうがみさき》の航空自衛隊施設の中に設置されています。このレーダーは非常に強力な電波を出すものだから、それが2000キロメートル先まで届き、青森県車力のXバンドレーダーは朝鮮半島だけでなく、極東ロシアのほとんどの部分をカバーできる。そして、経ヶ岬のXバンドレーダーは朝鮮半島のみならず、満州、中国東北の半分ぐらいまでカバーするわけです。そして、韓国のどこでもいいです、韓国は小さいからどこの場所でもあまり変わりはないが、これを設置すると、中国の内陸部分はほとんどカバーされることになるわけです。

そうするとどういうことになるか。例えば、中国内陸のどこかからミサイルが発射される。それをXバンドレーダーは瞬時にしてキャッチすると同時に、これが核弾頭を搭載したミサイルか、そうではないミサイルかを識別すらできるわけです。そうなると、アメリカ海軍の、例えば、巡航ミサイルを積んだ戦略潜水艦がどこにいるかわからないけれども、例えば、黄海に沈んでいるとすれば、そこから瞬時に精密誘導の巡航ミサイルが飛んでいく。そうすると、中国の発射したミサイル、あるいはミサイル基地も瞬時にして消滅する。中国の核戦力そのものが無力化する。ロシアもそうです。そういうことで、アジアの戦略バランスがまったく変わることになる。

だから、中国は猛烈に反対しているわけです。そして、中国の王毅《おうき》外相だったか、もし韓国がそういうのを認めて、設置するということになれば、我々は韓国に対して報復するとまで言っています。だから、韓国にとってはえらいことなのです。しかし、このような状況になったのは、ひとえに北朝鮮の核実験の結果なのです。

いままで、日本はSM3とかPAC3とかのミサイルで迎撃することになっていました。迎撃の仕方もいろいろありますが、これは、そんなに高いところではなくて、ミサイルが飛び上がった初期の段階で迎撃する。あるいは、放物線状に飛んで来る中間地点で迎撃する。あるいは、落下地点で迎撃する。しかし、6月22日の北朝鮮のムスダン・ミサイルはどこまで行ってしまったかというと、高度1400キロメートルまで上昇した。もう宇宙空間まで行ってしまった。そして、急激な角度で落ちてくるわけです。こんなミサイルは、SM3やPAC3ではカバーできない。水平距離の射程は400キロメートルでした。ということは、あれは日本海に落ちたけれども、400キロメートル南へ動けば、韓国のどこにでもドンと落ちてくるわけです。ほとんど垂直に落ちてくるような感じです。それに対抗するにはTHAADシステムしかないのです。

潜水艦からSLBMを発射するというのは、海上からではなくて、潜ったままでミサイルを発射するということで、北朝鮮はその実験も8月24日に行い成功させました。

潜水艦というのは秘匿されているでしょう。どこにいるかわからないでしょう。したがって第2撃力として最適です。しかし、このSLBMもXバンドレーダーで、発射と同時に捕捉して撃破できます。

さらに、それだけではなくて、いまはステルス戦闘機とか、ステルス爆撃機というのが開発され、レーダーでは捕捉されません。わからないわけです。例えば、いま中国大陸の上空にアメリカのステルス爆撃機がいるかどうかということを、中国は把握できないのです。しかし、そういう爆撃機に対してXバンドレーダーからストレートに指令が来る。中国の核基地に突如として爆弾が落ちてくるのです。

それから、例のドローンというのがあります。いまの無人機というのは、ただ偵察するだけではないのです。攻撃用の無人機もあります。これがすべて核ミサイルを持っているということになると、そのミサイルの発射をいかに早くキャッチするかが勝負になってくるわけです。Xバンドレーダーというのはものすごく強烈な電波を出すものだから、遠くまで届く。中国のミサイルはまだアメリカ大陸までは届かない。

ですから、中国はXバンドレーダーを持っていないですし、韓国へのXバンドレーダーの設置は確かに、アジアの戦略環境を激変させることになるでしょう。

第３章

◆

太平洋をめぐる
米中軍事対立の裏側

ミサイル戦ではアメリカが中国を圧倒している

オランダのハーグにある常設仲裁裁判所は、今年（２０１６年）7月12日に、中国が南シナ海で自国のものだと主張する境界線（その中に南沙諸島も含まれる）について、国際法上の根拠がないとする判決を出しました。中国が進めている人工島造成などの正当性は、これで国際法上は認められなくなりました。

ところが、中国の習近平主席は判決を受けて、「中国の領土主権と海洋権益は、いかなる状況下でも、仲裁の判断の影響は受けない」と強調しています。

この訴訟は、中国とフィリピン両国が批准している国際海洋法条約に基づいて進められていました。提訴したのはフィリピンです。

この判決が出る少し前、アメリカの原子力空母、ロナルド・レーガンが南シナ海に入ったというニュースがありました。中国が海南島周辺の海域で海軍の大演習をやるのに対抗して、南シナ海にアメリカの空母機動艦隊が入ってきたというわけです。

これは中国にとって、大変な脅威です。あの空母には70機以上の戦闘爆撃機が載っています。それが瞬時にして、中国に向けて飛んでいく態勢が整うのですから。

1996年、台湾の総統選挙のとき、中国が台湾海峡にミサイルを撃ち込んできたことがあります。そのとき、アメリカの空母が2隻、中国に向けて来たら、一瞬にして中国の威嚇が終わってしまった。中国が勝手なことをやったら、それに対して報復しますよとアメリカは警告したわけです。

アメリカは一隻の空母で70機の飛行機を持っているのです。その70機は、蒸気式のカタパルトで飛行機を噴射するから、そんなに長い滑走路は要らない。40〜50メートルの滑走路から、次から次へと飛んでいくことができる。いまの中国にはその技術はないのです。

しかも、アメリカの空母から飛ぶ一機一機がどれだけのミサイルを積んでいるか。中国の工業施設はいま沿海部に集中しています。そこへ70機の米軍戦闘爆撃機が一斉に攻撃するとなったら、中国経済はひとたまりもない。一瞬にして崩壊します。

米軍は、空母だけでなく、原子力潜水艦もたくさん海中に潜航させています。オハイオ級のアメリカ戦略潜水艦に、グアム島に駐留していることになっている「ミシガン」という潜水艦があります。これは以前は、大陸間弾道弾用の潜水艦だったのですが、いまではそれを改良して、トマホークという核弾頭つきの巡航ミサイル、精密な形でピンポイントの攻撃ができるミサイルを積んでいます。巡航ミサイルというのは、GPSに従って命令どおりに山あり谷ありの場所を越えていくことができます。

「ミシガン」は、54発のトマホークを積載しています。有事のとき、この54発が瞬時にして海の中から飛び上がっていく。それも、それぞれ別の方向に飛んでいくのです。中国の54か所の核施設が瞬時にして崩壊するわけです。

最強のXバンドレーダー

韓国には、ミサイル防衛システムとしては、現状、THAADはないけれど、PAC2まではあります。PAC3はない。それで、韓国独自のキルチェーンというミサイル防衛システムをつくろうとしていたところです。ところが、北朝鮮のミサイル開発が一歩先んじているものだから、その対応をどうするか、いま考える必要に迫られているのです。

日本にはPAC3が配備されています。さらに、スタンダード・ミサイル（SM）3という最新鋭のミサイルが、主としてイージス艦、日本海に配備されているイージス護衛艦に積んであります。この護衛艦は、ときどきミサイルを撃ち落とす訓練をやっているのです。軍事機密だから詳しいことはわかりませんが、どうも百発百中で撃ち落とすことができると言われています。

ただ、そのミサイル防衛システムを回避する方法もいろいろあるわけです。例えば、ソ連、あるいは中国のＩＣＢＭで、アメリカ大陸まで飛んでいくものは、全部ＭＩＲＶ《マーヴ》という多弾頭なのです。一番多いもので10個ぐらいの弾頭が入っていて、それぞれ別々のところへ飛んでいく。そうすると、ミサイル１発や2発では撃ち落とせないことになります。

核弾頭は、それぞれＧＰＳに誘導されて飛んでいくのですが、すべてコンピュータ制御です。また、いま、ハッカーとか言って、コンピュータの中に侵入する技術も進んでいます。北朝鮮でも中国でも、アメリカの軍事用のコンピュータ制御を妨害する技術が発達しているわけで、日本の防衛ミサイルが百発百中といっても、そういう妨害が何もないときに飛んでくるのを撃つのですから、ある意味驚くにはあたりません。

２０１６年の6月に、航空自衛隊機が中国の戦闘機に追いかけられたことがありました。その際、自衛隊機はアルミの破片を飛ばして回避したのですね。仮に、ミサイルが飛んできても、アルミの破片にごまかされて、ミサイルは変な動きをし始めて命中しません。ミサイルの攻撃から身を守る一番簡単な方法です。そういう形でミサイルを防御する技術も一方では進んでいるのです。ですから、本当につばぜり合いの競争をやっているわけです。

それはともかく、Ｘバンドレーダーというのは大変な性能があるので、それを保持していない中国にとってもロシアにとっても、それぞれの国のミサイルが無力化される可能性が出てきたものですから、両国とも、韓国国内に設置されることに猛烈に反対しているわけです。

THAADというシステムは、Xバンドレーダーに従って飛んでいくものですが、しかし、Xバンドレーダーは、それだけが仕事ではありません。日常茶飯に観測しているものです。米軍は韓国軍と自衛隊との共同訓練をときどきやっていますが、ミサイル防衛の訓練をしているのです。

例えば、北朝鮮のミサイルが飛んできたときに、米韓日のそれぞれの軍がそのミサイルをキャッチします。日本海に日本のイージス艦がいくつか浮かんでいます。韓国周辺には韓国のイージス艦が浮かんでいる。太平洋にはアメリカの戦艦が浮かんでいます。それぞれが、飛んできたミサイルをみんなキャッチします。そして、瞬時に、どの船からミサイルを発射するかを決めて対処する。そういう共同訓練を行っているのです。つい最近までやっていました。これは、リムパック（環太平洋合同演習）の一環として行っているものです。

そういう演習に対して、北朝鮮は猛烈に怒ってみせますが、しかし、じつは裏でアメリカとつながっていて、芝居をしているかもしれない、ということも考慮に入れておいたほうがいい。

アメリカにとって目の前の脅威はロシアと中国

北朝鮮はいったい何を考えて、核・ミサイル実験をやっているのか。アメリカは本当に北朝鮮の核ミサイルを脅威と考えているのか。それを正確に判断するのは難しい。韓国の一般民衆は、「そんなもの、飛んでくるわけない」と思っています。では、北朝鮮のミサイルは日本だけが目標なのか。「いや、日本は標的ではない」と、北朝鮮はよく言います。なぜなら、日本にだって在日朝鮮人がたくさんいるからです。北朝鮮に忠誠を誓っている人たちがたくさんいる。東京にもたくさん住んでいます。東京を核ミサイルで攻撃してくると、同胞を殺すことになるのです。だから、在日の人たちはあまり心配していないのです。「日本には飛んできませんよ」と言っています。少なくとも我々のところには、来ない。飛んでくるのは米軍基地だろうと。横須賀、岩国、三沢ですよ。あるいは、佐世保ですよ、沖縄ですよ。こう言っていますね。

北朝鮮もなかなか本当のことは言わないから、本当の意図がどこにあるのかを、もっとよく想定しないといけないのです。北朝鮮が核兵器開発をやる目的は何なのか。彼らは自衛のためだと言っています。

いま、北朝鮮は「我々は核保有国になった」と、威張っていますね。核保有国というのは、国連の常任理事国5か国と、インド、パキスタン、そしてイスラエルです。「そこに我々は肩を並べた、我々は世界の核保有9か国の一角を占めるようになりました」と北朝鮮のメディアは言っています。北朝鮮は「我々は大国だ。日本も、韓国も目じゃないよ」と言っているのと同じです。また「ドイツだって目じゃないよ」ということです。ドイツは核兵器を持っていないのだから。自分たちは世界の9大国の一つになったと、こういうわけです。

そのために核兵器の開発をしたのかとも考えられます。

それとも、アメリカが交渉の場に出てくるように次々と核兵器を開発して、出てこなければ次の開発をすると、脅迫しているとも考えられます。オバマ大統領が「戦略的忍耐」という言葉で、北朝鮮とは一切話し合いをしないという姿勢を示している。その間に「我々は次々とミサイルを開発し、水爆実験までやったのだ」。アメリカもこのままではちょっと困る。話し合いをしないとどうしようもない状況になってくる。そのために核兵器の開発をしているのかもしれません。

いったい、北朝鮮の真の目的はどこにあるのかを究明しないといけません。

私は、いろいろ考えられますが、やはり、アメリカとの関係を最も重視していると考えています。朝鮮戦争の休戦協定が成立したのが1953年、いまから60年以上前です。しかし、朝鮮戦争はまだ終わっていないから、例えば、北朝鮮が休戦協定違反だということになれば、アメリカは合法的に北朝鮮を攻撃できるのです。常に刀を突きつけられているような状況の中で、国の安全を確保するのは非常に難しいのです。だから、なんとか休戦協定を平和協定に変えたい。朝鮮戦争を最終的に終結させて、米軍に韓国から撤退してもらおうということが北朝鮮の意図するところなのでしょう。休戦協定を平和協定に変えると、米軍が朝鮮半島にいられる根拠はなくなるのですから。そうなれば、北朝鮮主導の南北統一も容易になる。

それに対して、アメリカは、ベトナム戦争のときに、アメリカがパリ協定（1973年1月27日）を結んだら、わずか2年で北ベトナムによって南ベトナムが解放されてしまった悪夢があるので、アメリカはこれを恐れています。自分たちが韓国から引き揚げたら、韓国はすぐに北朝鮮にやられてしまうと心配している。

ところが、アメリカは単に北朝鮮だけが相手ではない。アメリカは中国を睨んでいる、ロシアを睨んでいるわけです。アメリカにとって最大の脅威はロシアであり中国なのです。そのためにも、戦略的に、朝鮮半島はアメリカにとって大変重要なところになるわけです。逆に、ロシアも中国も、対アメリカの橋頭堡《きょうとうほ》として、北朝鮮は断固として守るということになるわけです。

したがって、韓国は、アメリカにとって戦略上最も重要な地域になるわけです。

昔は朝鮮半島は日本に突きつけられた匕首《あいくち》みたいなものだと言われていました。そこを、ロシアが支配する、あるいは中国が支配することになれば、我が国の安全は根底から脅かされる。だから、日清戦争をやりました、だから日露戦争をやりましたというのが、司馬遼太郎さんの司馬史観の中で出てくる答えでしょう。

中国の兵器はアメリカの供与に始まる

中国の軍事力など、もともとアメリカにとってみれば目ではなかったのです。冷戦時代はソ連こそが一番の敵だったわけです。ところが、そのソ連が崩壊してしまった。その結果、アメリカに対抗する国はもういなくなって、一極支配の構造になったわけです。

そうこうしているうちに、中国経済がものすごく発展してきて、中国が軍事予算をどんどん拡大していく。軍事力を強化するためには膨大なお金が要るのです。経済発展がないとお金はできないでしょう。ところが、中国はそのころ経済が急速に発展したわけです。それをすべて軍事力に注ぎ込んだものだから、軍事力が急拡大してしまったのですね。

もともと中国は、日本と戦った頃は、人民解放軍といっても本当に情けない軍隊でした。朝鮮戦争に参画した頃は、人海戦術ということで人間をあとからあとから放り込んで、それで勝ちました。殺しても殺しても出てくる。人権重視のアメリカも、もうタジタジになってしまった。

ところが、1970年代初め頃になって、ソ連に対抗するために、アメリカは中国と手を結ぼうとします。たまたま中国とソ連の仲が悪くなってきて、武力行使までやり始めていました。

1969年3月2日にアムール川（黒竜江）の支流ウスリー川の中州のダマンスキー島（珍宝島）の領有権をめぐって大規模な軍事衝突が発生したのがダマンスキー島事件です。さらに同年8月にも新疆《しんきょう》ウイグル自治区で軍事衝突が起こり、中ソの全面戦争や核戦争にエスカレートしかねない危機に発展しました。そこまで、中国とソ連の対立が表面化したのです。

そこで、ベトナム戦争などとも関連して、アメリカはアメリカ帝国主義を主要な敵とする中国と手を結んでソ連に対抗しようという戦略に変わったわけです。これを画策したのがキッシンジャーです。そのあと、ニクソンの電撃的な中国訪問（1972年年2月21日）ということになったのです。

そのときに、どこの国でもそうですが、文書の上だけで友好関係を結びましょうと言っても、それは違うのです。真実は、中国がソ連に対抗し得るような近代兵器を、アメリカが中国人民解放軍にどんどん供与したのです。アメリカのやり方はいつもそれです。イランとイラクが戦争していたときは、イラン憎しということで、アメリカは、サダム・フセインにものすごい量の武器を援助したのです。それでサダム・フセインはイランに攻め込んだわけです。

ところが、手の平を返すように、アメリカはサダム・フセインがけしからんと言いだしました。アメリカに対抗したイラクが持っていた兵器は全部アメリカ製ですよ。

中国人民解放軍の近代化のために提供した武器も、全部アメリカが提供したものです。そういうこともあって、金も注ぎ込んで、見る見るうちに中国人民解放軍の装備が高度になってきたわけです。

したがってアメリカは、言うなれば、中国の手の内はみんな知っているよということでもあります。それは中国の経済についても同じです。中国経済を潰すのは簡単なことなのです。だってそうでしょう、例えば、中国の金融システムをつくり上げたのはゴールドマン・サックスのポールソンという人なのだから。どこに中国の金融政策の弱点があるか、どこをどうすればよいかということは百も承知です。

もっと言えば、キッシンジャーとの話し合いのとき、中ソの国境に、ソ連の核実験、ミサイル発射実験、それらをモニターする施設をアメリカの援助でつくったのです。単なる監視基地ではなく、米中共同でそこからソ連へ工作員をどんどん投入した。ところが、1990年代初めにソ連が崩壊したとき、それはもう要らなくなったものだから、全部回収したわけです。しかし、一つだけ新疆ウイグルの辺りに残ったものがある。これを、いまはアメリカに代わってドイツが運営しています。ドイツと中国との関係は、ただただ経済的な関係だけではなくて、軍事的な関係も非常に濃密なのです。そして、中東戦争のさまざまな状況の中で、その傍受施設が集めたアフガニスタンの情報をドイツの情報機関が持っているわけです。だから、中東の情勢、内情について、ドイツは非常に詳しいのです。もちろん、ドイツはそれをアメリカにも提供していますよ。しかし、中国にも提供している。

激変したアメリカの対中政策

ところが、ここに来て、情勢が変わってきたのです。

マイケル・ピルズベリーという人が書いた『China 2049——秘密裏に遂行される「世界覇権100年戦略」』（日経BP社）という本があります。この本が一つのきっかけになって、アメリカの対中認識が変わってきたのです。原書（*The Hundred-Year Marathon*：百年マラソン）は、2015年2月に出版された本ですが、2014年秋頃からアメリカの対中認識が変わってきたことが、この本を読むとよくわかります。

それまで、第1期のオバマ政権時代は、まだ中国に対して、「協調主義的関与政策」と言ってもよいですが、中国と協調することを基調とした政策でした。例えば、胡錦濤《こきんとう》の時代、和平崛起《わへいくっき》と言っていた時代ですが、2005年に、アメリカの当時のゼーリック国務副長官が、中国は責任あるステークホルダーになってほしいと言明しました。中国は国際的な協調路線を取ってほしいということです。中国に対するこの関与政策には、中国を協力的にしていくという一つの前提があった。

もう一つの前提は、中国は天安門事件などもありましたが、民主化の方向に進んでいる、いずれは民主主義の国になるだろうというものです。民主主義の国は、戦争を起こさない。中国は、民主主義の国を目指して進んでいると、我々は思う、という前提です。

第三の前提は、中国はさまざまな問題を抱えた、大変脆弱な国家だということです。格差の問題、戸籍の問題、その他、中国は矛盾だらけです。どうしようもない。全般的に非常に弱い国だという認識です。

四番目の前提は、中国はアメリカのような国になりたがっているということです。アメリカは巨大な国、世界の覇権国家で、同時に民主主義の国だ。行く行くは中国もそういう国になりたがっている。それから、中国の中で、人民解放軍の軍人が、アメリカに対して非常に強硬なことを言う。アメリカ帝国主義が世界を破滅させるみたいなことを言う。しかし、こういう人たちの影響力は弱いものであると考えた。

アメリカはこういうことを前提に対中関与政策を取っていったわけです。

ところが、2014年の秋頃から、南シナ海に中国が進出を始め、人工島をつくり上げてきた。あるいは、そこで石油の開発をやり、ベトナムなどとトラブルが起こり始めた。こういうことが起こってから、アメリカの、あるいはオバマ政権の中国認識が変わったのです。それを象徴するのが、この本です。

マイケル・ピルズベリーは、この本を執筆したときは国防総省の顧問ですが、それまで何十年となく、アメリカの中国政策を中心になって進めてきた人物です。中国語も自在にあやつり、中国政府、人民軍に太い人脈を持つ、いわば、アメリカ随一の中国通です。この人が書いた本がこの「百年マラソン」というもので、「中国の国家戦略の根底にある意図を見抜くことができなかった。私は間違っていた」と率直に告白した本でもあります。米国に代わり世界の超大国になる中国の秘密戦略が暴かれている。

2012年10月に中国共産党の第18回党大会が行われ、そのときに初めて習近平が総書記に選出されました。その党大会で習近平が「二つの百年目標」というものを発表しました。「二つの百年目標」とは、一つは、中国共産党成立百周年。これは2021年です。192

1年に上海で中国共産党は産声を上げたわけです。それから勘定して百年。2021年までに、中国は2010年と比べて国民総生産を2倍にする。農村の一人当たりの収入を倍増する。そして、「小康社会《しょうこう》」という言葉をよく使いますが、ちょっとゆとりのある社会を全国的に建設する。まず、こういう「百年目標」を出しました。

次に、中華人民共和国成立百周年、つまり1949年の共和国成立以来百年後の2049年に、かねてから習近平が言っていた、「中華民族の偉大なる復興」という「中国の夢」を実現するという「百年目標」を発表しました。要するに、2049年までに中国は世界制覇をする、と宣言したのです。ピルズベリーの本はそのことを論証したみたいな本なのです。

じつは、同じことは、外交問題評議会の上級研究員たちがまとめた論文でも指摘されています。その論文は、中国に対する大戦略の変更、すなわち、中国に対してアメリカは国家戦略を大転換しないといけないという提言をしています。

そのときの中国認識の第1点は、中国は、日米同盟を含む、アメリカとアジアのさまざまな同盟システムの活力を削《そ》ごうとしているということです。

孫子の兵法にも書いてある有名な言葉があります。「優れた軍人は最初に謀《はか》り事を討つ」。すなわち、敵の謀略を暴く。次に、「交わりを討つ」。つまり、同盟関係を断ち切る。次に、「兵を討つ」。「その下《げ》は、城を討つ」。城攻めは、準備に時間と労力がかかり、兵を失う危険がついてまわる。それを「下策」と言っているわけです。

日本の軍人は、真珠湾攻撃を初めとして、その「下」ばかりやってきました。孫子の兵法が言っているにもかかわらず、日本がやってきたのはみんな城を討つことばかりなのです。城を討つのに成果を挙げた人、例えば、乃木希典《まれすけ》大将にしても、東郷平八郎元帥にしても、山本五十六《いそろく》元帥にしても、みんな日本では英雄ですが、孫子の兵法によれば、それは下の下だという。孫子の兵法の最初に「兵は国の大事だ」と書いてあるのです。戦争というのは、国家にとって大変な事業ですよと。経済的にもコストがかかる。国家が滅亡するかもしれない。こういう重大なことだから、戦争をするにあたってはよくよく考えなければいけませんと、最初に言っている。そして、戦争をしないで勝つのが一番重要なやり方ですよと書いてある。

中国は最初に、孫子の兵法に忠実にならって、同盟関係をいろいろな形で断つように動く。米韓同盟を断つために、朴槿恵に近づいたわけでしょう。日米関係はいま、安倍さんになってから良くなってきているけれども、なぜ中国が執拗に安倍攻撃をやるのかというと、日米関係はけしからんということを言って、日米同盟を遮断するほうへ持っていきたい。

それで、まず第一は、アメリカとアジア諸国との同盟システムの活力を削ぐことである。すなわちそれは、これも習近平が言ったのですが、アジアの安全保障はアジア人でつくるということです。これが第二。つまり、アメリカは出ていけということなのですね。

それから、三番目に、東アジアにおけるバランス・オブ・パワーを根本的に変えると言った。中国、日本、韓国、台湾、いろいろありますが、いまのところ、日米同盟とか何かという形で、アメリカが介在することでバランスを保っている。これを中国有利に変えていくということ。

四番目は、アメリカをアジアの指導者としての座から引きずり下ろす。

最後に、こういう具合にして、アメリカのアジアにおける死活的な利益を弱める。

外交問題評議会の提言は、これが中国の対米戦略だと言ったわけです。中国の対米戦略を分析した結果、こういうことだと結論づけた。これに対処して、アメリカの対中戦略を根本的に変えないといけないと提言しました。アメリカは常に理論的な根拠に基づいて政策を展開するわけです。それが、いま言っているように、２０１４年頃からそういう関係になってきて、２０１５年になっていよいよ明確になってきたのです。

それと、中国に対する幻想を正すということですね。中国が民主化していくなどというのは幻の姿だ。それで、中国に対する楽観的な見方を修正するということになって、南シナ海の根本的な利益を守るということに政策を変えたわけです。だからいま、アメリカの対中関係というのは大変厳しくなってきているのです。

南シナ海をめぐるせめぎあい

それにもかかわらず、米軍がリムパック（環太平洋合同演習）に2014年から何度か中国軍を招いたのはなぜか、という疑問を持つ人もいるかもしれませんが、こういう演習に中国のような敵対しているような国の海軍をなぜ招くかというと、アメリカ海軍はこんな力を持っているよと見せつけるためです。「あなた方がいくら努力をしても、我々の水準に達するにはまだ何十年もかかりますよ」と、これでもか、これでもかと見せつけるのです。

アメリカ海軍が南シナ海に航空母艦を派遣したのもそうです。大変な戦力を見せびらかしたわけです。「あなた方がくだらんことをやると、我々は、この島も何もかも一瞬にして潰せるだけの力を持っているのだよ」ということです。

そこで、それにもかかわらず、なぜ中国は南シナ海に人口島をつくり、飛行場をつくるなど、何やかやと不合理な活動をやっているのかということですが、軍事的に言うと二つの問題があります。

一つは、アメリカが中国を先制核攻撃したときに、中国は第2撃の反撃能力を持たないといけないわけです。そうでないと抑止力にならないから。相互確証破壊を確立するためには、どうしても潜水艦発射のSLBM、巨浪2号という大陸間弾道ミサイルを積んで、アメリカ大陸を攻撃できることが必要なのです。アメリカとソ連が対決している冷戦時代に、恐怖の均衡がなぜ成り立ったかというと、アメリカが第1撃でソ連の地上配備の核施設をすべて壊滅しても、オホーツク海に沈んでいるソ連の戦略潜水艦からミサイルが飛んでいく。そうすると、容易にワシントン、ニューヨークを攻撃できたわけです。そういう形で相互確証破壊の態勢を築いてきたわけです。

ところが、いまの中国とアメリカとのあいだでは、そういうことは不可能なのです。中国のミサイルは、晋《しん》クラスの潜水艦に積載されていて、巨浪2号という名前のSLBMを飛ばすのですが、射程距離が7000キロメートルしかないのです。中国の持っている、アメリカ大陸まで届く大陸間弾道ミサイルは、みんな地上配備なのです。例えば、チベットとか、四川省とか、山奥に隠してある。地下深くのサイロにみんな保管されていて、いざというときにはそこから飛んでいくわけです。しかし、それは、先ほど言ったように、トマホークとか何かの攻撃によって壊滅する可能性があるわけです。そうすると秘匿した潜水艦が必要だけれども、そのSLBMは射程が7000キロメートルしかない。その潜水艦はどこに潜んでいるかというと、海南島の三亜《さんあ》湾の、岩盤の地下に潜水艦基地があって、そこにいます。上からは見えない。そこからすぐ、3000メートルとか4000メートルの深海に入っていけるのです。そしてその所在を不明にして、南シナ海から東シナ海、あるいはバシー海峡などを通って太平洋に出ていけば、もうさっぱりどこにいるかわからない。それがハワイ沖ぐらいまで行くと、そこからワシントンまで飛ばすことができる。

そういう態勢を確保するために、どうしてもアメリカにキャッチされないところを潜水艦が通っていかないといけないわけです。ところが、いまのアメリカのP8というような対潜哨戒機はものすごい能力を持っていて、たちどころにその所在位置がわかるのです。日本の海上自衛隊も協力しているようですが、米海軍の攻撃型の潜水艦も常に水中から向こうの戦略潜水艦を狙っているわけです。そういうシステムができている。

しかし、中国の原潜にとって何よりも恐ろしいのは、上からの対潜哨戒機です。パイロットたちは高性能のソノブイ（対潜水艦用音響捜索機器）を落下させて、それがキャッチした電波を吸収しているわけです。かつてオホーツク海にソ連原潜が入っている頃は、海上自衛隊と米軍が共同作戦をやっていました。いまでもそうですが、日本の海上自衛隊というのは、対潜哨戒機、現状はまだ大部分P３Cですが、それを世界で最もたくさん持っている海軍なのです。なぜかというと、アメリカがソ連の潜水艦をキャッチするために、海上自衛隊のその部門ばかり増強させたからです。そのお陰で、海上自衛隊の対潜能力は世界一流になっているのです。

だから、今日、海上自衛隊は、中国の潜水艦がいまどこにいるかをすべてキャッチしています。前の章で詳しくお話ししましたが、通常の原子力潜水艦は泡が出るものだから音が出るのです。ところが一方、いま日本の「そうりゅう」という潜水艦は、バッテリーで動くので音がしない。これのほうが優れているのです。

しかも、私も技術的にはよくわかりませんが、中国の潜水艦が3000メートルとか4000メートルのところに沈んでいくでしょう。そうすると、音が垂直に上がってくるのです。それをソノブイがキャッチする。アメリカのP8という最新型の対潜哨戒機は百発百中でキャッチできるのだそうです。

だからこそ、中国は南シナ海に対空ミサイルを設置したり、飛行場を建設したりして、行く行くはそこに防空識別圏を設置して、入ってくる航空機は撃ち落とすという態勢を組んで、中国海軍の潜水艦が秘かに太平洋へ出ていく道を確保しようとしているのです。

それだけではありません。中国にとってはアメリカの航空母艦も脅威なのです。アメリカの航空母艦は巨大です。しかも、巨大なのに、アメリカの空母がいまどこにいるかというのは、極秘中の極秘です。日本の防衛省もまったく知らない。海上自衛隊もまったくわからない。いま横須賀に空母がいれば、そこにいるということは見ればわかる。しかし、いったん、そこから出ていくと、いったいどこにいるのだということになる。空母は5～6隻の随伴艦、護衛艦を伴って出航します。リムパックのときには、日本の海上自衛隊はアメリカの空母を応援に行くのですよ。そういうのは付随しているから一緒にいるかと思うと大間違いです。これは敵の攻撃から空母を守る船ですよね。これは、じつは空母から400キロメートルとか離れた、はるか彼方にいるわけです。要するに、攻撃されるということを事前にキャッチするのが仕事なものですから、空母のすぐ近くにいるわけではない。随伴艦、護衛艦がウロウロしていても、空母なんかどこにも見えない。だから、空母がどこにいるかというのは秘匿されているのです。70機の飛行機を積んで、あれは1万人ぐらい乗組員がいるのではないですか。私も乗ったことがありますが、大きいなんてものじゃありませんよ。それでも、その所在地は衛星でもキャッチできません。

だから、そういう空母が突然来るとえらいことになる。今度は南シナ海に突如出て来た。

このまえも、海上自衛隊の観艦式に行ったら、目の前にロナルド・レーガンがいました。急に出てきた。誰が随伴したかというと、自衛隊の船です。アメリカの船なんかどこにもいない。

人工島建設の目的

対潜哨戒機というのは、発見した原潜が「ここにいるよ」とただちに関係艦船に知らせる。それによって、攻撃原潜などが攻撃する。あるいは追跡する。潜水艦は、発見されたらダメなのです。確実にやられてしまう。何度も言いますが、潜水艦の潜水艦たるところは、秘匿性です。ところが、昔の潜水艦はシュノーケルがないものだから、しょっちゅう上にあがらないといけなかった。すぐ見つかるわけです。2〜3時間ごとに上がっていたのです。だから無力でした。

そういうことで、中国が潜水艦を発見する航空機を飛ばさせないためには、航空識別圏を設置することが非常に重要になってきます。

もう一つは、いろいろな島を確保することです。それによって、南シナ海に入ってくるアメリカの空母もキャッチすることができる。そのために人口島の建設をやっているのだろうと思います。

こういう二つの軍事的、戦略的理由があって、人工島をつくろうとしているのです。

アメリカの空母は大きいから南シナ海に入ってきたらすぐわかるのではないか、と思う人がいるかもしれませんが、じつはわからないのです。

所在がわかってしまうと、1発の対艦ミサイルで崩壊する。乗組員を1万人、艦載機を70機も積んでいる空母が、中国のミサイル1発で沈んでしまったら、アメリカ軍の士気は一挙に落ちてしまう。

だから、中国としては、まず、アメリカの空母が南シナ海を通ってくるのを常に見張っていたい、それで、ミサイル攻撃のターゲットにしたい。それと、自分の潜水艦がそこを抜けて太平洋に出て、ワシントンが射程距離に入るところまで自由に行きたい。

中国は、資源の開発や漁業権の保護と言っていますが、真の目的は、いま言った軍事的な二つの目的があって、人工島をつくろうとしているのだということです。

あんな島をつくるのは、ものすごくコストがかかります。しかも、普通は珊瑚礁を埋め立てるのに海底から砂を吸い上げて使っているけれども、建設する島が大き過ぎると、それでは間に合わないので、わざわざ中国大陸から砂利を運んで埋めています。どれだけのコストがかかるか。それだけのコストがかかると、石油開発、あるいは漁業で上げる利益程度では、経済的には絶対ペイしません。だから、もうすべては軍事目的以外にはないのです。

そして、その軍事目的の真意は、一つは潜水艦の問題。多くの人はそればかり言っています。しかし、このあいだ、いみじくも南シナ海に突如としてアメリカの空母が現れた。この空母を牽制するために、中国は南シナ海で演習をやろうとしていた。そして、7月12日に仲裁裁判所で判決が出た。それは認めないと、中国は言っているわけです。力ででもフィリピンをやっつけると言っている。そのために、なんとロシアと海軍の演習をしようとした。要するに威嚇ですよ。ベトナムやフィリピン、インドネシアなどの周辺諸国に対する威嚇です。

それに対してアメリカが黙っていては、ほかの国がアメリカを信用しなくなる。「守ってくれない」と、みんな中国になびいていく。そこで、「そんなことはないよ」と、空母という虎の子を出してきたわけです。

いま、南シナ海はそういう状況です。

憲法9条の改正が急務

空のほうは、2016年の春からの3か月ぐらいで、自衛隊のスクランブル発進が199回です。1日2~3回ですね。しかも、たくさん中国空軍の飛行機が来るから、いままで1機でやっていたのを、3機とか4機、一緒に上がっていっているのですよ。

逆に、自衛隊機やアメリカ機が行けば、中国空軍のスクランブルが上がってくるはずです。ところが、まだ向こうにはスクランブルで追いかけるだけの力がないみたいです。現状では、中国の戦闘機がこちらに来るから、それに対して自衛隊の戦闘機が飛び上がっていっているわけです。

いままでは、航空自衛隊はロシアの爆撃機などに対してしきりにスクランブル発進をやっていたけれども、このところ急に中国の戦闘機の接近が増大してきたということです。

これがいったい何を意味しているかというと、尖閣問題と関連させて、みな理解していますね。尖閣諸島周辺の、いままでは海警という、海上保安庁的な警察の船が定期的に見回りに来ていたわけです。ところが、このまえ中国の軍艦が接続水域に入ってきたので、海上自衛隊もかなり緊迫してきたのです。

日本列島、琉球列島は、中国のいう第1列島線です。第1列島線を中国の軍艦が突破する。このまえも沖永良部島《おきのえらぶじま》の周辺を、ここは国際海峡だから航行は自由だと言って、中国海軍が通過した。日本列島の地理的な条件が、かつてはロシアを封じ込めていたように、いまは中国を封じ込めているわけです。それがまさに第1列島線です。この中へアメリカの船は入れないというのが中国の重要な戦略です。しかし、海上自衛隊やアメリカ海軍の狙いは、中国の艦船をそこから外へ出さない、そこで封じ込めるという戦略です。その封じ込めを突破して太平洋へ出ていこうと、中国は一所懸命やっているわけです。その点で、アメリカのアジアの軍事戦略にとって、日本列島の位置というのは中国封じ込めのための最大の不沈空母になっているわけです。

つまり、当然のごとく、南シナ海の中国海軍の活動に、海上自衛隊も関わらざるを得なくなっているわけです。我が国はそのために集団的自衛権について憲法解釈を改めたし、安全保障法制もつくりました。しかし、それらはまだ抽象的な段階であって、実際に米軍と肩を並べて戦争をするためには、もっともっといろいろ複雑で細かい取り決めがないと、できません。いま一番大きな問題になっているのは、誰の指揮の下で動くのかということです。アメリカ軍は、いまだかつて米軍以外の指揮官の下で戦闘行動をしたことは一度としてありません。米韓合同司令部の司令官も現在でもアメリカ人ですし、NATO軍の最高司令官もアメリカ人です。日米のときだけ、例えば、海上自衛隊の司令官が指揮をして、その下でアメリカ海軍が従属して動くなどということは絶対にあり得ません。では、アメリカ海軍の指揮官の下で海上自衛隊が戦争をするのか。これもまたおかしな話になる。

海上自衛隊は法律的には軍隊になっていないからです。韓国軍は軍隊ですが、日本の自衛隊は軍隊ではないのですから、日米共同作戦のとき、これをどうするのだということです。演習はいいですよ。リムパックの演習は、海上自衛隊の人が、部分的ですけれども、指揮官になったりしています。だって、指揮することになるかもしれないから、訓練が要るのでしょうし。

だから、何としてでも9条を変えて、自衛隊を正式の国防軍にしなければいけないのです。いまのままでは日米同盟はまったく実効性がないのですから。

自衛隊が名前を変えて「軍隊」になれば、かなり多くの問題が解決します。いまだって、厳密に言えば、例えば、自衛隊が発砲して、相手が死ぬとします。軍隊ならば何の問題もないけれども、自衛隊は軍隊ではないので、まず問題になるのは、正当防衛かどうかということです。正当防衛でなければ殺人罪なのです。殺人罪になるにもかかわらず、撃てるかということです。日本の国内法だと、撃った人は逮捕されるのです。

それから、さらに言えば、戦時国際法というのがあって、いろいろ戦争中の複雑な問題が処理されます。例えば、戦時国際法には捕虜の扱いについて規定があるけれども、これも自衛隊には適用されないわけです。なぜなら、自衛隊は軍隊ではないのですから。だから、自衛隊員がもし捕虜になったときには、一般刑事犯として扱われることになります。

2015年の安保法制で決まった程度のことだと、専門家には、かえって自衛隊は動きづらくなったと言う人もいます。適当に法律を解釈して、いままでは曖昧模糊とした形でやっていたから、まだ柔軟性があった。

ウィキペディアにも出ていますが「海上自衛隊の装備品一覧」に、海上自衛隊の艦船の数とか、潜水艦の数とか全部出ています。これだけの軍備を持った海上自衛隊が、いったい

「海軍」ではないと言えますか。憲法第9条で「戦力は持たない」ということになっているのです。そして、憲法には交戦権まで認めないと書いてあるわけです。憲法上、日本は戦争はできないのです。

いままでならば、これは軍でなく自衛隊だ、ということでした。敵が攻めてきたら反撃するというだけ。こちらが攻撃するわけではない。それは自衛権の行使です。国家に自衛権がなぜ認められるか。これは、国家として自然法で、法律以前の、憲法以前の自然法という形で、どの国家でも、国家である以上、当然自衛の権利を持っているとされます。憲法9条があろうとなかろうと、あらゆる国家が持っています。

このように、これまでは、いろいろな形で、極言すれば適当に9条を解釈してきました。ところが、現実の情勢がだんだん変化して、そういう解釈では処理できなくなり、いろいろと法的に齟齬《そご》をきたすことになりました。

しかも、軍事技術がものすごく高度化したでしょう。そういう状況で、「急迫不正の侵害に対して……」「違法性が阻却される」などと言っていたら、間に合うわけがない。「急迫……」と判断する前に、もうやられてしまいます。特に空の戦争などは、ボタン一つの戦争ですから。どちらが早く発見するかだけの話なのです。発見されたら、もう終わりなのですから。

そんなときに、つまり、そういうふうに戦争が技術的に高度化したときに、古い憲法解釈で現代戦に対応できるのか。ですから、もうそんな解釈はやめて、はっきりと「軍隊」ということにすれば、軍隊に適用される国際法などはすべて適用されるし、はっきりするわけです。ですから、とにかく、憲法9条の第2項で、いままでは「前項の目的を達成するために」ということで、自衛戦争は合憲である、とぎりぎりの解釈を引き出してきたけれども、やはり限界がある。要するに、自衛隊は国防軍だというようにしないと、中国には対抗できません。

中国はいまは孤立しているわけではありません。ロシアとのあいだでは、準同盟関係にあるような形で行動しています。そもそも、中国が持っている空母もロシアから買ったものです。正確にはウクライナからですが。

だから、米空母のようなカタパルトがないのです。つくれないのだと思う。アメリカが極秘にしているからです。したがって、甲板が上向きになっているでしょう。多くの国の空母がそうです。飛行機はそれをブワッと上がって、それでやっと飛べるのです。アメリカの空母はみんな水平に発進します。カタパルトで噴射するから、弾丸みたいに飛んでいくわけです。

いま新しい空母が、大連近くの造船所で建設中らしいけれども、どれだけのものができるのか。戦力的には全然アメリカには敵わない。装備はアメリカの足元にも及ばない。ただし、いまのところはという限定付きです。膨大なお金をかけてどんどん研究開発をしていけば、百年後にはどうなるか。2049年までにアメリカに匹敵する軍事強国になって世界の覇権を握る。これが中国の夢です。

核兵器を増やしているのは中国だけ

しかし、いま、これも書かないといけませんが、オバマ大統領が今年の5月に広島に来ました。そこで、2009年にチェコのプラハで行った、核廃絶をアピールした演説の締め括りみたいな演説をオバマはしました。

アメリカをはじめ、すべての国が、核廃絶の思いはあるけれども、現状では多くの国がそういう思いとは逆行することを行っているわけです。しかし、それでも、NPT条約によって核の保有を認められている国、要するに、国連常任理事国の5か国。ロシアもアメリカも、現実には少しずつではあるけれども核兵器を減らしているわけです。むろん、古くなった核兵器を処分しているだけという見方もあります。しかし、それでも削減は削減です。ところが、その中で核兵器をどんどん増やしている国が一つだけあります。中国です。中国だけは、5か国の中で唯一、核兵器の数を増やしています。この現状をよく考えないといけない。

核廃絶の前提条件は二つです。核を持っていない国に今後、新たに核を持たせない（核不拡散）。それから、すでに持っている国の核兵器を廃棄する（核軍縮）。すなわち、核保有国の核兵器はどんどん削減していく。そして行く行くは核のない世界をつくるということです。

例えば、オバマ大統領は、チェコの演説のときに、かつてアメリカとロシアのあいだで、ＳＡＬＴ《ソルト》－ＩとかⅡなどの戦略核兵器削減のためのさまざまな交渉をやっていたが、そういう交渉をもう一度やって、相互に核兵器を減らしていこうと提唱した。イギリス、フランスなどは、自主的に減らしています。核兵器を保有するということは、ものすごく金がかかるからです。だから、イギリスも、核兵器はもう潜水艦発射のＳＬＢＭしか要らないという感じになっています。フランスも同じことで、どんどん減らしているのです。それぐらいコストがかかるからです。そういう中で、中国だけが増やしているわけです。世界の目には「なんだよ、これは」となります。やはり、「中華民族の偉大なる復興」のためか。

先ほど紹介したピルズベリーの『China 2049』は良い本です。日本の中国学者で、こんなことを書ける人は一人もいない。ピルズベリーはいまもペンタゴンで働いていますが、ＣＩＡにもいたということで、軍事的な観点からの中国分析が中心です。この人はもともと親中派（「パンダ・ハガー」：パンダをハグする人）だったのです。キッシンジャー系の協調主義者だった人です。でも、中国はそんなに甘くないと、考えを変えたのですね。我々は中国に騙されていたと考え直したわけです。

この本について、一番最初に取り上げたのは、日本では統一教会の『世界日報』でした。アメリカにも『ワシントン・タイムズ』という統一教会系の新聞があります（『ワシントン・ポスト』とは無関係）。ついでに言えば、『ワシントン・タイムズ』と国防総省はツーカーです。国防総省が極秘情報をリークするときには、『ワシントン・タイムズ』を利用することが多いのです。だから、かつてレーガン米大統領は『ワシントン・タイムズ』しか読まないと言っていました。

私が『世界日報』でこの本の最初の紹介記事を見たとき、「このオッサンは、いいこと言ってるね」と思ったのです。『世界日報』のワシントンの特派員のような人がこの著者をインタビューしていた。ピルズベリーという名前を、私はそのとき初めて知りました。ちょうど、同じ頃、その少し前に発表されていた外交問題評議会のレポートなども目にとまっていました。それで、「習近平政権が狙う大国外交の舞台裏」という演題で、２０１５年の7月に私が講演をしたときに、アメリカの対中認識は変わりましたよということをお話ししたのです。南シナ海の問題でいろいろな話題が出始めていた頃です。

第４章

◆

米国の極東戦略と米大統領選の余波

オバマ大統領の広島スピーチの隠された意味

オバマ大統領が今年（2016年）5月に広島で行ったスピーチとパフォーマンスは、日本人の心をつかみました。オバマ大統領の核廃絶の思いにみな感動しました。しかし、広島訪問によって、オバマは言外に何を語ろうとしたのでしょうか。端的に申しますと、一つは、日本に絶対に核武装をさせないということ。もう一つは、北朝鮮に対して一つのシグナルを送ったのだろうということ。そして、もう一つがロシアの核威嚇に対する牽制です。

そもそも、アメリカは広島・長崎になぜ原爆を投下したのかということです。アメリカは、第2次世界大戦を早くやめさせようとして原爆を落としたと、ずっと主張し、それを正当化しているわけです。トルーマンが原爆投下を決断したときは、ほとんどすべてのアメリカの高官は反対したと言われています。そして、当時、日本はポツダム宣言を受諾して、戦争を終わらせるという方向に動いていたわけです。もちろん、本土決戦を主張する人たちもたくさんいたけれども、特に天皇の意向は戦争を終わらせる方向に来ていたわけです。それにもかかわらず、なぜ落としたのか。原爆の前には、3月の東京大空襲や6月の名古屋の大空襲、大阪その他200を超える街に、戦争の最後の段階で彼らが行った空襲というのはいったいどんな空襲であったか。

　東京の場合も名古屋の場合もそうですが、日本は木造住宅ですから、米軍は焼夷弾を大いに使いました。まず都市部の周辺に焼夷弾を投下して火災を起こす。そして住民を、これは兵士ではなく一般市民で、多くは女子供たちです、この人たちを全部中心部に逃げ込ませて、そこへ、ガソリンと同時に焼夷弾を落とすことで、広島・長崎よりも多い犠牲者が出ました。数十万人の日本人が殺されました。広島・長崎もそうですが、なぜこういう大殺戮のための空襲をアメリカは行ったのか。

　このような空襲や原爆の投下は、結局、アメリカが日本民族をこの世から一掃しようとしたとしか考えられません。彼らは神の命令で日本民族を滅ぼそうとしたのではないか。神の命令であれば、感情や理性の入り込む余地はありません。

　ホロコーストという言葉の語源は、日本語では「燔祭《はんさい》」と訳されます。旧約聖書に出てきます。例えば、ノアが方舟で助かったときに、生贄《いけにえ》である羊を丸焼きにして神に捧げました。しかし、丸焼きにした肉を、みんなで焼いたあとに食べるということではないのです。ことごとく焼き尽くし、上昇する煙となって神に捧げるという儀式です。

　なぜそんなことをやったのかというと、『旧約聖書』（「民数記」21章）に書いてありますが、モーゼがエジプトで奴隷になっていたユダヤ民族を引き連れてパレスチナの地に向かいます。

神に与えられた約束の地カナンに向かうのです。彼らがヨルダン川の東側を通るときに、この土地を支配していたアモリ人に、通行を阻止されたのです。アモリの王シホンに対して、モーゼは「通してください」と手紙を送りました。「我々は畑を荒らしません。ブドウ畑にも入りません。さらに、「そこの井戸も使いません。ただ我々はこの道を通って行きたいだけです」と、こういう嘆願書を王様に出したのです。この全文は旧約聖書に書いてあります。ところが、シホンは「通さない」と言って、通行を妨害したのです。そのときに、神がお怒りになった。神の命令で約束の地に行こうとしたのに、それをアモリ人は妨害した。それに対して、何年かかってもこの民族をすべて焼き尽くせ。殺せ。女子供も含めて、すべて殺せ、と神はモーゼに命令したのです。その直前にも、シナイ半島でも同じような妨害があった。妨害した民族に対して、ユダヤ人たちは神の命令に従って、何十年もかけてこの民族を地上から抹殺したのです。

聖書に、神に選ばれた人たちに神が命じた使命を妨害する者は世の中から抹殺しろとある。これを「聖絶」とも言います。アメリカ人というのは、何かあるとすぐ建国の歴史に返っていくわけです。アメリカの独立宣言書や憲法に何が書いてあるかというと、ひとことで言えば、アメリカというのは、神の使命、すなわち、端的に言うと、自由と民主主義と、その中でも「自由」が一番重要なのですが、自由と民主主義をこの世界に広げるためにつくられた国家だ。これはアメリカ建国に対して選ばれたアメリカ人に神が命じた義務だと言うわけです。だから、アメリカ大統領は就任式のときに、みな聖書に手を置いて、「我々は、神がアメリカ国民に対して命じた使命を、先頭になって実行に移します」と宣誓するわけです。

第2次世界大戦当時、日本軍国主義というのは、世界に自由と民主主義を広めるアメリカの最大の妨害者であったのです。神は、それを妨害する民族に対しては、これを絶滅せよという。一人残らず殺せと。原爆や東京大空襲など大都市の空襲を見ていると、まさに日本民族の絶滅なのです。女子供を含めて、全部殺せということなのです。アメリカの一部の人たちはそれを実行したのですね。実行した人たちは、神の命令に対して忠実な人たちです。したがって、謝罪なんてことはあり得ないのです。オバマ大統領も決して謝罪はしませんでした。

だから、そういうことをアメリカ人は、言わないだけで、みんな知っているわけです。子供の頃から聖書を何年も勉強しているのですから。

日本人というのは、世界の中でも異質な民族です。例えば、オバマ大統領がこのまえの伊勢志摩サミットのときに三重へ来ました。安倍さんが伊勢神宮へ連れていったでしょう。あのときに、安倍さんは、日本文化の神髄だとか、日本精神などをみんなにお示ししたいというこことを言いました。しかし、あそこに並んでいた各国の首脳たちは全部キリスト教徒なのですよ。オバマ大統領も、名目上はキリスト教徒でしょう。まず、キリスト教徒にとって、よその神様を拝むというのは異端です。モーゼの十戒にも「この神だけを拝め」と書いてあります。だから、嫉妬深い神様なのです。ほかの神にちょっとでも浮気すると、バチンとやるよと。そういう人たちを伊勢神宮に連れていったわけですね。

そして、日本の評価とは別に、あそこに居並んだ指導者というのはすべて、「ああ、やはり日本は異質な国だな」と思ったはずです。日本文化の神髄はどうでもいい。ただ、ああ、日本は異質な国だなということは認識したと思います。ですから、深く考えれば、こういう日本という存在を許すのか、許さないのかという問題があるわけです。

さらに、もう一つ、ハムラビ法典にありますが、キリスト教、あるいはイスラム教、あるいはユダヤ教、そういう人たちの中で強く信じられているのは、報復は正義だということです。したがって、日本は、原爆でやられたのだから、やったアメリカに報復するのは正義だ。日本が核兵器を持てば必ずアメリカに対して報復する。これは正義なのだということを、多くのアメリカ人は信じているのです。日本が核兵器を持つと、日本は北朝鮮や中国に対して先制攻撃をするより先に、アメリカのニューヨーク、ワシントンに核を落とすだろうと信じているのです。例えば、最近、バイデン副大統領が北京に行ったとき、「あなた方は北朝鮮に対して影響力を行使して、あの人たちの核兵器開発を阻止しないと、日本が核兵器を持ちますよ。日本は一夜にして核保有国になれますよ」と、中国を脅した。しかし、言外に日本の核武装はアメリカも反対だと言ったのです。

ところが、今度はトランプ大統領候補が、もうアメリカ軍は全部引き揚げて、韓国にも日本にも核兵器を持たせて、自分で守らせろと言ったわけです。それに対して、またバイデンが、「我々がつくった日本国憲法によって、我々は日本に核兵器を持たせないようにしているのだ」と発言しました。日本が核兵器を持てないのは、我々がつくった憲法によるのだと言ったわけです。

いずれにせよ、日本が核兵器を持つということは、アメリカにとっては大変面白くないこと、危険なことなのです。したがって、オバマ大統領はアメリカ大統領として初の広島訪問という形で核の廃絶を言いながら、その真意は、日本の世論に訴えて、日本には自発的に核兵器を持たないということにしてもらおうということだったのです。アメリカから言えば、何があっても持たせない、ということです。

今度も、オバマ大統領が核の先制不行使を宣言するという動きになったときに、日本政府はやめるようアメリカ政府に強く要請したと言われます。公式にはあとで否定しましたが、要請したでしょう。アメリカが先制攻撃をやらないと言うなら、中国や北朝鮮が先制攻撃をするかもしれない。中国や北朝鮮の攻撃がない限り、アメリカは核兵器を使わないということとです。中国や北朝鮮に先制攻撃をやられてしまったら、日本は終わりでしょう。もちろん、中国も北朝鮮も先制攻撃はやりませんと言っています。しかし、持っていることは事実ですから、それは日本の大きな脅威になるわけです。それをバックに、日本にいろいろな形で圧力をかけてくる。そういうことになると、日本はどうなるのでしょうか、ということです。

まさに、クラウゼヴィッツが言うとおり、「戦争とは他の手段をもってする政治である」ということです。中国や北朝鮮が政治的目的を達成するために核で威嚇する。そうすると、日本はどうすることもできません。

さらに、先に何回も述べたように、2016年1月の北朝鮮の水爆実験、そして、特に6月22日のムスダンのロケット発射。この二つが、韓国が、アメリカの強く要求していたTHAADミサイル防衛システムの導入を決める要因になったのです。そして、9月9日の北朝鮮による小型化された核弾頭の実験と続き、北朝鮮の核兵器の実戦配備の態勢が整い、事態は決定的になりました。2015年あたりから、中国が韓国を取り込むことによって、アジアの情勢はおかしくなってきたわけですが、北朝鮮のこの三つの行動の結果、アメリカがTHAADを韓国に入れることを決定したことによって、完全に「日本・韓国・アメリカ」対「中国・北朝鮮・ロシア」と、東アジアで冷戦構造が出来上がってしまったのです。したがって、この北朝鮮の三つの軍事的な行動が、東アジアの国際関係を一変させる効果を持ったわけです。軍事行動が、いかに政治情勢を変えていくかということの、あからさまなケースでしょう。

ですから我々は、国際政治を論じるときに、軍事問題がいかに国際関係に大きな影響を与えているかということを考えないといけないということです。

アメリカにとって中国の将来は脅威ではない

では、これからの東アジアの情勢について、アメリカはどう想定しているのか。アメリカ国内にもさまざまな考え方があります。しかし、オバマ政権下、あるいは民主党政権下だけではなく、ブッシュの時代にも共通した認識があるわけです。第3章で申し上げたように、アメリカが中国の民主化に失敗し、中国に対する認識を変え始めた。そういう方向にアメリカ全体が舵を切り始めたわけですが、アメリカの共通認識というのは、中国は、あるいは、中国共産党政権は、中国のさまざまな国内的な矛盾によって、早晩、崩壊するだろう、あるいは、中国が分裂するだろうというものでした。

最大の問題は、中国の人口が沿岸地帯に集中していることです。それより奥の地域には本当に貧困な人たちが住んでいます。沿岸の人たちの中で、いま6000万人の富裕層・中産階級がいます。6000万人というのは、例えば、ヨーロッパの国一つよりも大きい規模です。6000万人も人口がいるようなところは独仏を除くとないですよ。これは大変な数ですけれども、しかし、中国は14億人とか13億人とか言われるなかでの、6000万人です。わずか5パーセントぐらいのものです。そのほかの人たちは本当に貧困なのです。

そうすると、中国の為政者はどうするか。毛沢東の時代は、富裕層を叩いて、貧困層に分配しました。貧しき中でも平等に、と国内施策を行ってきた。それが、だんだん変わってきた。しかし、経済が順調に発展しているとき、高度成長を遂げているときは、それでも何も起こらないのです。ところが、一旦経済がおかしくなり始めると、富裕層や中間層の人たちは、まあ、しようがない、困ったものだというぐらいですが、そのほかの80パーセント以上の貧困層にとっては死活問題です。そうなると、結局、暴動が起こる。混乱する。それをどうやって抑えるか。いま、例えば、幹部の腐敗の撲滅だとか、習近平政権がいろいろなことをやっていますが、それは、そういう富裕層をきちんとコントロールして、その前の胡錦濤《こきんとう》政権が言ったように、和諧社会、つまり調和ある世界をつくろう、ゆとりある世界をつくろうということです。

日本が1970年代に急成長し、1980年代後半になって、バブルがあり、1990年代に入ってそれが崩壊して、失われた20年、30年と、いま状況が続いています。ところが、日本の場合はなぜ暴動が起こらないのか。これは、貧困層をなくすようなさまざまなシステム、セーフティネットをつくり上げていたからです。国民は皆保険で年金があるし、医療保険もある。もちろん、ドロップアウトした人たちもいますが、就職率も高い。その代わり、日本経済全体はこんなにおかしくなって、消費も伸びない。みんな貯金ばかりする。なぜ、こんなに消費が伸びないかというと、若い人たちがみんな貯金しているからです。若い人が何も買わないから消費が全然伸びない。車も買わない。すぐに貯金する。経済は成長しない。しかし、日本経済はこうなっているけれども、日本では暴動が起こらない。

ところが、中国の場合はセーフティネットというものが行き渡っていないわけです。経済が下り坂になった途端に、暴動です。それに対してどうするかというので、党内論争をしているわけです。しかし、共産党の独裁体制の下では、解決策は見出し得ない。アメリカが見るところによると、中国はこのまま行くと分裂する。どこで分裂するかというと、沿岸地方と、内陸の貧困地域、チベット、新疆《しんきょう》、モンゴルの大きく二つに分裂するという見方があります。

またいろいろ面白い研究をする人がいて、暴動の発生件数は降水量と関係があるという研究があるそうです。新疆ウイグルには、天山山脈から雪融け水の地下水をとっているとか言われているけれども、しかしこれぐらいの量の水では大きな人口は養えない。人間は水がないと生存できない。だから、チベット、新疆、モンゴル、あるいは、満州の半分ほどは、みんな乾燥地帯で人間がたくさん住めない。青海省もそう。ウルムチから飛行機に乗ってみればわかります。どこまで行っても黄土色の大地。やっと緑だと思ったら、もう上海空港です。この沿岸地域に中国の人口が集中しているのです。農地も、工場も、すべて集中しています。そこは雨が降る。この人口格差、貧富の格差が必ず国を分裂させるだろう。ですから、中国の将来を、アメリカはそれほど脅威に感じてはいないのです。

現在、軍事的にどうなのか。中国の海軍や空軍、あるいはミサイル部隊がどんどん増強されています。その実態が不透明だから、脅威だ、脅威だとみんな言っていますが、現時点においては、アメリカ海軍、あるいはアメリカ空軍は、一瞬にして中国のすべての軍事施設を壊滅させるだけの力を持っています。勝負にならない。

では、将来はどうなのか。中国海軍はどんどん増強されています。しかし、海軍というのは、ただ軍艦を並べればそれで海軍になるわけではないのです。新しい軍艦を造れば海軍になるわけではない。海軍というのは、一つの文化でもあり、1世代やそこらではうまくいきません。2世代、3世代の時間をかけて初めて、海軍として機能するようになるわけです。日本の海上自衛隊は新しくできた海軍ですが、日清戦争の黄海海戦（1894年）のときから、ずっと帝国海軍の伝統を引き継いでいます。しかも、日本はもともと英国と同じような海洋民族でしょう。そういう伝統の中で、それを受け継いだのが海上自衛隊です。

例えば、艦船の数においては中国海軍と海上自衛隊では勝負にならない。しかし、質においてはどうか。いまの海上自衛隊の力というのは大変なものなのですよ。数は少ないけれども、例えば、「そうりゅう」という潜水艦は原子力潜水艦よりも優れているのです。何度も言いましたように、「そうりゅう」など日本の潜水艦はバッテリーだからまったく音がしない。いままでの難点は、長時間潜っていられなかったことです。ところが、日本の技術が発展して、1~2週間は潜っていられるのです。音のする中国の原子力潜水艦は、その所在がすべて判明しており、開戦と同時にすべて沈没します。

そういうことで、いまでも海上自衛隊と中国海軍が戦争をすると、ちょうど黄海海戦と同じになってしまう。あの頃、丁汝昌《ていじょしょう》という清朝の軍人が、中国の北洋海軍の提督をやっていて、定遠《ていえん》などという大きな戦艦を並べて日本海軍を迎え撃とうとしていました。この戦艦は英国から買ってきたものです。日本の戦艦はまだまだそれに及ばないようなものだったけれども、小さな日本海軍の軍艦は、中国の戦艦をあっという間に全部沈没させました。これは、両国海軍の訓練の度合いが違ったからです。

日露戦争でもそうです。ほかの国では、敵の艦隊が来ても、東郷元帥のやったような、そこにまっすぐT字型に行くような戦法が取れないのです。それで、無敵を誇ったロシアのバルチック艦隊も一戦でやっつけてしまった。海上自衛隊にはそういう伝統がある。しかも、航空母艦に飛行機を積んで、真珠湾まで行って攻撃するなどというのは、世界で日本が初めてやったことです。いま、アメリカが原子力空母を並べて同じように行動していますが、航空機を、しかも、航空母艦で遠方まで運んでいって、そこで敵を討つという戦法を編み出したのは日本海軍です。

したがって、アメリカは、外に対しては中国の軍事的脅威を強調していますが、軍事的にも中国の脅威はそんなに感じていないのです。

アメリカが一番恐れているのは、日本の海上自衛隊がもっともっと増強されて、太平洋でアメリカ海軍と並び立つような状況になることです。それを一番恐れているわけです。まさに第2次世界大戦の前はそういう状況だったわけですから。したがって、日本がそういうことになるのはいったい、どういう状況が現出したときかということ、それをいま真剣に検討している。

中国に対しては全然心配していない。しかも、例えば、中国経済と言っても、あそこの金融のシステムを構築したのは全部、ゴールドマン・サックスのポールソンなど、その後財務長官になったような人たちです。ポールソンなんかは40回も50回も中国に行って、中国に近代的な金融システムをつくり上げたわけです。したがって、弱点はすべて知っている。それから、いま、中国経済がなぜこんな状況になってきたかというと、中国の輸出が急激に減少したからです。いろいろな外資を導入して、いろいろな工場をつくり、製品を内需に回すのではなくて、専ら輸出に回してきた。その主な輸出先はヨーロッパとアメリカだったわけです。そのヨーロッパやアメリカが、近頃はあまり買わなくなった。そのせいで、いま中国経済は傾いてきたわけです。

アメリカは日本が強くなることを恐れている

ですから、中国経済を生かすも殺すも、鍵はアメリカが全部握っているわけです。どうにでもできる。そこで、いま何をアメリカが考えているかというと、日本が東アジアで再び覇権を握るような状況ができるのをなんとかして阻止することです。アメリカが考える覇権を握るような状況というのはどういうときかというと、簡単に言うと、中国が混乱するときなのです。中国が不安定化して、中国が弱体化するときなのです。そうすると、日本が東アジアでまた台頭してくる。これが第一です。

だから、日本を強くしないためには、アメリカは中国に対してもう少し経済的な関係を深める、つまり中国の輸出品を買うということです。中国を経済的に強くする。ただ、トランプにしても、中国商品流入がアメリカの労働市場をおかしくしていると言っています。それでも、日本の台頭を抑えるということになれば、中国を弱くしないようにということになっていくわけです。

もう一つ、アメリカから日本という国を見るとどういうことになっているか。日本は高度な工業国で、大国です。GDPで中国に追い抜かれたといわれ、経済的に、世界第3位になったとか言っていますが、中国の実態を見ると、やはり事実上は第2位の経済大国です。しかし、中国と違って、この日本という大国は極めて脆弱なのです。なぜかと言うと、原材料をすべて輸入に依存している。この前の戦争のときもそうですが、日本は、兵器産業で一番重要なクズ鉄、大砲をつくるのに一番重要なクズ鉄の輸入をまず禁止されてしまった。そして、最後に石油の禁輸ということになって、戦争ができない状況に追い込まれた。そこで石油を求めてインドネシアへ行き、ボルネオへ行った。それが大東亜戦争の発端になってしまったわけです。その脆弱さはいまも変わっていないのです。

中国は、輸出を止められても、でかい国だから、国内にさまざまな資源があります。曲がりなりにも石油もたくさん出ます。そして、石炭は有り余っています。食料も、その気になれば輸入する必要はありません。ところが、日本はすべてを輸入しなければなりません。ガスも石油も石炭も、食糧その他、すべて輸入なのです。そして、すべては船舶によって輸入される。いま、アメリカがシーレーンというものを守っているから、石油は中東から大型タンカーで安全に運ばれてくる。ところが、そのシーレーンが脅かされるとどうなるか。いまの南シナ海です。こういう状況になっているときに、アメリカはなぜ「航行の自由作戦」ということで必死になって「航行の自由」を守ろうとしているのか。南シナ海というのは、アメリカにとっては経済的に何の意味もないところです。しかし、南シナ海が中国に封鎖されることになると、たちどころに韓国や日本の経済がおかしくなる。石油が来なくなってしまうのです。さらに、その先のマラッカ海峡を止められてしまったら、今度は中国経済もダメになってしまう。アメリカがすべての制海権を握っているわけです。

しかし、もし、日本のシーレーンが妨害されることになったらどうなるか。アメリカの識者の分析によると、日本は独自でシーレーンを守るために海軍を大増強するだろうと見ています。そうすると、アメリカに対抗できるような海軍ができるわけです。これは困るということで、アメリカは南シナ海で象徴されるように、とにかく「航行の自由」を守るということになるわけです。

つまり、東アジアの均衡、安定というのは、アメリカ、中国、日本の三角形のバランスによって成り立っているということです。その中で、アメリカが地域的に最も重要視しているのが朝鮮半島です。

日本を牽制し、中国を牽制するためのツール

アメリカは、日本を牽制し、中国を牽制する一つのツールとして、いまは韓国を使っているし、これからも使おうとしています。そのことによって、中国の没落や日本の台頭をコントロールしようとしているのです。

例えば、尖閣の問題にしても、竹島の問題にしても、どこが領有するかの問題については、当事者の話し合いに任せ、アメリカは中立だと言う。関係国同士で決めてくれと言っているのです。尖閣列島の施政権は返しました。だから、現在、日本の施政下にあることは認めます。しかし、これが本当に日本の領土なのかどうかについては、どうぞ中国と話し合ってくださいと言う。みんなペンディングです。

竹島などはもっとひどい。日本が主権のないときに李承晩《イスンマン》大統領が勝手にラインで引いて奪取してしまった。サンフランシスコ条約のときに、当時のアメリカの国務長官は、「竹島が韓国の領土になったことは、歴史的には一度もない」と言っていたのです。それなのに、アメリカ政府は何もやらない。日本政府も、韓国に対して何の強制手段もとらない。抗議はしているけれども、そのまま韓国の事実上の実効支配が続いているわけです。しかし、竹島

問題は日韓関係のガンです。

そういう具合に、日本を、あるいは中国をコントロールする手段として、領土問題も使われているわけです。その目的は、複雑な対立関係を温存させ、東アジアで覇権国をつくらせないようコントロールしようということに尽きます。軍事問題の観点で言うと、アメリカ第7艦隊に対抗できるような日本海軍をつくらせないように、そういう方向で動いているのです。

アメリカは世界の警察官をやめましたと、オバマ大統領は言いました。しかし、アメリカは全世界を支配したいわけです。先ほど言ったように、アメリカの国家の目的は、全世界を自由と民主主義の世界にすることです。そのためには、どこの国にも介入してきました。なんでちょっかいを出すんだと言われながらも、口を出す。いい加減にしてくれと、中国もそう言ってきたのです。我々には我々の自由と民主主義があるのだから、アメリカは黙っていてくれと言ってきた。

そのおせっかいで大失敗をしたのが、イラクです。ブッシュ大統領は、我々はあの狂信的な日本軍国主義を倒して、日本を世界的にも模範となるような自由と民主主義国家にした。だから、いま狂信的なイスラム教徒が暴走していても、我々はこれを日本のような民主主義国にする自信があると言った。それなのに、イラクで散々な目にあっているわけです。

しかし、「ほっといてよ」と言われても、アメリカは関与してくるわけです。中国においても、アメリカは、人権問題にものすごく力を入れています。アメリカがチベットに対しても、新疆ウイグルに対しても、いろいろな援助をしています。それは民間団体がしていることになっているけれども、すべてＣＩＡが後ろにいるのです。

要するに、アメリカ流の自由と民主主義の体制を世界中につくり上げたいわけです。

北朝鮮の核開発の目的

中国も北朝鮮も、まだ共産党の国です。インターネットも含めてすべてのメディアを牛耳っているわけですから、党中央の意向に従った形でしかニュースが出ません。中国では、中共中央宣伝部。北朝鮮では宣伝扇動部がそういうプロパガンダを担当しています。

中国は「偉大なる中華民族の復興、中国の夢を実現するために、軍事大国でないといけない。アメリカに軍事力では負けない」と、大宣伝をする。

北朝鮮もそうです。昔からそうですが、中国が中華なら、こっちは小中華だと言っていたのです。「小中華」といえども「中華」ですから、世界の中心だと宣言しているわけです。「原爆も水爆も持っているよ」核保有国、核大国だと、こちらも宣伝は大きい。

先ほど何回も言いましたが、北朝鮮は何を目的に核ミサイルを開発しているかをよく考えなければなりません。本当に戦争で使うつもりなのか。日本にミサイルを撃ち込んでくるつもりなのか。

かつて朴正熙《パクチョンヒ》韓国大統領は「核兵器を持たない国は、独立国家とは言えない」と主張しました。北朝鮮も、アメリカやソ連、中国からの圧力をかわしながら、秘かに核開発を進めてきました。そして、今年になって二度の核実験に成功し、何度もミサイル発射実験を行いました。これは、第5回労働党大会の文書にも書いてありますが、それによって「世界中のすべての国が、我が国を仰ぎ見るようになった」というわけです。核兵器がない国なんて、誰も尊敬しない。こういう認識でしょう。

しかし、いま一番問題になっているのは、アメリカとの話し合いです。朝鮮戦争の休戦協定を平和協定に直す。そうすることによって、在韓米軍が存在している法的根拠をなくす。在韓米軍は朝鮮戦争のための国連軍としているのですから。「我々は核保有国です。米軍が韓国にいると、あなた方も核兵器の攻撃目標になります。まだいるのですか」というサインを送っている。

2016年6月のムスダン・ミサイルも同じです。グアム島まで飛んで行ける、グアム島も核兵器で攻撃できるようになった、というメッセージです。

グアム島の基地にある、B2ステルス爆撃機、あるいはF22ラプターという、ステルス戦闘爆撃機、こんなのに先制攻撃されたら、北朝鮮はそれこそ、あっという間に終わりです。だから、それを抑止するために、核兵器を持つということです。ですから、究極の目的は、アメリカとの外交交渉だろう、そのための核兵器だろうとも考えられる。

もちろん、北朝鮮の核ミサイル開発の真の目的がこれら三つ（戦争用、大国志向、アメリカに対する外交カード）のどれであるかは、わかりません。

歴史を振り返ってみると、金日成《キムイルソン》主席が核開発を始めてから、もう50年以上になります。朝鮮戦争のときに、マッカーサー元帥が、中国人民解放軍が北朝鮮を支援してくる状況の中で、満州に原爆を落とそうとした。これはマッカーサー元帥がトルーマン大統領に解任されて、実現はしませんでした。しかし、いつアメリカに核爆弾を落とされるかもしれない。このトラウマがずっと残っています。核兵器に対抗できるのは核兵器しかない。それで、最初はソ連の支援で開発を進めて来たのです。

そして、東京オリンピックのとき、中国が核実験に成功した。それからは、中国の支援でも核開発を行ってきた。ところが、中ソ論争というのがあって、中ソの関係がおかしくなりました。北朝鮮にしてみれば、中国に加担するとソ連が援助を止める。逆に、ソ連に近づくと中国が援助してくれない。中ソのはざまで振り回されるのはもういやだ、ということになった。そこで金日成主席は、自分たちだけの力でやろうということになって、自前で核開発を進めてきたということです。

もう一つ考えないといけないのは、北朝鮮の最大の目的、南北の統一です。党大会後、そのために全力を挙げている。ですから、核兵器の開発も、北朝鮮は戦略的にいろいろな形で考えています。ですから、核兵器の開発も、北朝鮮主導の南北統一実現のための一環です。南北を統一するための一番の阻害要因は在韓米軍の存在なのです。これが出ていったら、自分たちの思うとおりに、平和的に南北統一ができる。

トランプ氏はじつは立派な人

アメリカの大統領選挙というのは、いままでの大統領選挙とはまったく様相が変わってしまいました。どのアメリカ専門家も、昔の経験では読めない。だから、予測がつかないわけです。クリントンが勝つか、トランプが勝つか、占いみたいにやっているけれども、まったくわからないものだから計算のしようがない。

ただ、そのバックグラウンドになっている、アメリカ社会の変化というものをもう少し考えないといけません。

先ほど言ったように、かつてアメリカという国は危機的状況になったときには、必ず建国の歴史に返るのです。もう一度、独立宣言書や、アメリカの憲法を読んで、「アメリカはこんな国だ」ということを再確認しながらやってきたわけです。それを動かしてきたのがワスプ（WSP：ホワイト・アングロサクソン・プロテスタント）という人たちです。

ところが、いま、そういう状況がすっかり変わってしまった。ワスプなんて、本当に少数派になってしまった。いろいろな出自の人々が入ってきて。それから、宗教の問題も、いままではプロテスタントが中心になってやってきたわけでしょう。ところが、いまはアメリカ人の心の中を支配してきたキリスト教そのものがおかしくなってきたのです。オバマ自身だって本当にキリスト教徒かと、大統領自身までが疑われている時代です。いま、イスラム教徒の数もどんどん増えています。トランプがイスラム教徒を揶揄《やゆ》するようなことをいろいろ言っていますが、イスラム教徒のテロリストも現実に増えている。それから、ボクシングのモハメド・アリもそうだったけれども、アメリカの黒人でイスラム教徒に改宗している人もたくさんいる。そういうことで、アメリカの宗教事情も変わってきたのです。

それから、何よりも、白人の中でも貧富の格差が大変になってしまった。これはもう定着しているので、アメリカン・ドリームなんてのは過去の話になりました。いま、失業率が下がったとか、いろいろ統計が出ますが、これは、もう求職しない人を除いた数です。自分から諦めてもう求職しない人間を含めると、いまどれだけの失業者がいるか。それこそ、2000万人とか3000万人とか言われる数なのです。この人たちは、もうまったく働かなくなってしまった。いままでアメリカ人というのは、いわゆるプロテスタントの精神、勤労ということが一つのよりどころだったわけです。アメリカ人はものすごくよく働いたのです。そして、資産を蓄積し、老後を豊かに暮らしてきたのです。ドイツ人もそうです。カソリックの人たちは昼寝をしたりもするけれど、プロテスタントの人たちは本当によく働く。だから、アメリカはいままでのアメリカとは違う社会になってしまいました。

そういう中での大統領選挙だから、有権者がどういう行動を取るのか予測がつかない。だから、その中で、一見支離滅裂に見えるトランプの発言がウケるわけです。例えば、メキシコから不法入国者が入ってくる。彼らを阻止するためにメキシコ国境に3200キロだかの壁をつくると言った。本当につくるかもしれない。しかし、それが選挙民にウケるのです。なぜかと言うと、単にその人たちがいろいろなドラッグなどを持ち込んでくるだけではなくて、アメリカ国内で安い労働力として使われるものだから、白人の中産階級だった人たちの職場がどんどん奪われているからです。しかも、中米の人たちは全員カソリックでしょう。彼らが米国に入ってくると、ゾロゾロ子供をつくるわけで、ヒスパニック系の人々がどんどん増えてくる。

ヨーロッパにおける中東の難民と同じことが起きているのです。アメリカは建国以来、外交的には孤立主義の国です。アメリカは宗教的圧迫を避けてヨーロッパを逃れてきた人たちが造った国です。したがってヨーロッパのことには関わりたくないというのが伝統でした。いまトランプが言っている、「アメリカ・ファースト」というのも、その孤立主義の復活という面があります。

しかし、例えば、トランプ政権ができるということになると、いま、オバマ政権のバイデン副大統領が心配しているように、いよいよ日本も核武装しないと国がもたなくなるかもしれません。トランプは、核の傘はもう提供しない、勝手に自分で自分の国は守れ、と言っているのですから。さらに、その延長線で、米第7艦隊は日本のシーレーンも守らない、勝手に自分で守れ、ということになると、いままでのアメリカが一番恐れていた事態になりかねないと、バイデンは心配しているのです。また日米の戦争になると言っているのです。

一方で、トランプ大統領の実現は、日本が本当に独立するチャンスなのだと思っている人もいるかもしれませんが、北朝鮮を見てもわかるように、独立を持続させることは大変なのです。

北朝鮮は、餓死しても独立は守る、というのですから、見あげたものです。

ただ、トランプの場合はよくわからないことが多い。彼は過激なことを言っているけれども、その裏にちゃんと緻密な計算があるのが感じられます。

彼はテレビ局をいくつも持っている。映像で出ればどういう影響を与えるかを厳しく計算して、それであういう発言をしているわけです。

アメリカ国民はほとんどの人が端末機器を持っていますから、そこでは普通のテレビでは見られない、独特の番組もやっています。

トランプを支持する人が結構増えていますね。トランプの別れた奥さんも含めて、彼を悪く言う人はいません。トランプは何度か離婚して、子供がたくさんいますが、これがまた一人ひとり、ものすごく立派らしい。それで、父親のために演説をしたりしているのですね。普通は、二回も三回も結婚・離婚をしていたら、中には一人ぐらい、グレる子もいるものです。ところが、そういう子が一人もいない。子供がみんなまともに育っている。

トランプ本人は人格的にはよほど立派な人かもしれない、と思います。

第5章

◆

鍵を握るロシアの蠢動

ロシアがアメリカの脅威になりつつある

最近の大きな話題としては、ＥＵ（欧州連合）からのイギリスの脱退があります。もともとイギリスは何のためにＥＵに加盟したのかといえば、ドイツを抑えるためです。東西ドイツが統一され、ヨーロッパの中央に、またぞろ巨大なドイツができた。ドイツはまた再びヨーロッパを支配するのではないかということで、ドイツを抑えるためにＥＵがつくられ、イギリスもそれに加盟したのです。

ところが、結果的にドイツはＥＵの中で独り勝ちした。いまも、ギリシャやイタリアは金融的に大変な問題になっている。ＥＵに加盟していれば独自で再建することはできない。この人たちも脱退したいと言っています。しかし、本当のところは、ドイツもＥＵをやめたいのです。ドイツも独立したい。再び通貨マルクも復活させたい。

いま、世界が懸念しているのは、ドイツがロシアに接近するのではないかということです。ビスマルクのプロイセンの時代から、いつもドイツはロシアに目を向けていた。

かつて私の知り合いにドイツ人がたくさんいましたが、みんなロシア語ができた。私が若いころ住んでいたヴィースバーデンという町は、かつて、そこのお姫様がモスクワに嫁いでいた歴史があり、ロシアとものすごく深い関係があるのです。ヴィースバーデンに限らず、ロシアと深い関係を持つドイツの地域はいまでもたくさんあります。もちろん民族は全然違いますが、このようにドイツとロシアの関係は深いのです。

その、ロシアに嫁いだお姫様を記念して、例の小さなネギ坊主のような屋根が特徴の寺院がヴィースバーデンにあります。ロシア正教の寺院です。ロシア正教はクリスマスよりは復活祭のほうを重要視します。キリストが生まれた日よりは、キリストが復活した日が大事なのです。復活祭の日にその寺院に行くと、ロシア人だかドイツ人だかよくわからない信者が大勢集まって、そこで終日お祈りをするわけです。私はそこで初めてロシア正教の寺院に入ったのですが、やっていることが、護摩《ごま》を焚《た》く真言密教とまったく同じでした。

私はその寺院で、ロシア語を勉強したのです。そこに成人学校みたいな教室があって、ロシア語のクラスで、ドイツ人のおばさんからロシア語の手ほどきを受けました。大学でもロシア語は勉強していましたが、こちらでもロシア語の勉強をして、行く行くはシベリア鉄道に乗って帰国しようと考えていました。結果的には実現できませんでしたが、いまでも片言のロシア語は覚えているのです。

ドイツ人とロシア人は、何回も戦争もしました。したがって、お互いに相手の思考法だとか、行動様式などは、よくわかっているのです。

現在でも、モスクワの商店にある品物は、ほとんどがメイド・イン・ジャーマニーです。ドイツにとっても、天然ガスとか石油とかのエネルギーは、全部ロシアに依存している。その代わりドイツの商品が、車も含めて、ほとんどモスクワをはじめロシアの市場を独占しているような状態です。

そういうことで、ドイツとロシアのあいだの経済的な相互依存関係というのは非常に強いのです。

このドイツがロシアと結びつくということになると、アメリカにとってはものすごいショックで、大変なことなのです。ですから、みんなイギリスの脱退にばかり注目して、いろいろなことを言っているけれども、問題は、EUがなぜつくられたのか。ユーロがなぜつくられたのか、イギリスがポンドを維持しながらEUに加盟したのはなぜか、それらの根本問題に目を向けて考えるべきなのです。結局、すべてはドイツを抑えるためだったのです。ところが、そこでイギリスが出てしまったら、ドイツもEUから脱退する方向になるかもしれない。そうすると、もうEUは崩壊します。ドイツの台頭を抑えることはできない。

ロシアは地中海の港を手に入れた

イギリスのEU脱退に関しては、NATOとの関係でよく論じられます。

ドイツ国防軍は、NATO軍司令官の指揮・命令の下でしか動けない。ですから、アフガニスタンへ行ったときも、ドイツの大統領や首相ではなく、NATO軍司令官の命令で行ったのです。

ドイツが独自で動かせる武装組織は、有名な国境警備隊です。この国境警備隊がアフリカまで行って、ハイジャックに対処したことがありました。アメリカの州兵みたいな、日本の入国管理局の警備官みたいなものなのですが、そこが強大な軍事組織を持っているのです。内務省軍です。じっさい、ものすごく精強です。普通のドイツ国防軍はNATOの下にあり、ドイツの首相にも、大統領にも、指揮・命令権はない。

日本も、日米安保条約ですべてをアメリカに依存する状況がつくられています。それと同じように、ドイツもNATOだとか、EUだとか、ユーロだとか、そういう軍事的な、あるいは経済金融的なシステムの中で、自由に行動できない状況に置かれています。そうやって、ドイツの台頭を抑えているわけです。しかし、よくよく考えると、ドイツにしたら腹の立つ話であって、冷戦が終わり、世界情勢も大きく変わったのだから、EUやNATOから脱退して、ロシアにつくよと言っても、誰も反対できないでしょう。

かつていろいろな人がいましたけれども、ドイツの首相をやったゲアハルト・シュレーダーなどは、退任後、ロシアの石油会社の社長になりました。社会民主党（SPD《エスペーデー》）というのは、だいたい向こう（東）を向いているのです。

結局、EUにしても、イギリスではなくて、フランスとドイツとの関係の中でできたわけです。ところが、相対的にフランスの経済力が落ちてしまった。特に、いまのオランド大統領などはまったく無策で、支持率も最低になっています。そういう状況もあるのです。ドイツが台頭して、それがロシアと手を結ぶというのは、アメリカにとっては悪夢でしょう。けれども、プーチン率いるロシアにとっては、まさに「いまに見ておれ」という感じですね。

プーチン大統領は、本当に幸運児です。EUがそういう状況になり、ドイツが近づいてくるかもしれない。そういう中で、今度はNATOのメンバーでもあるトルコが近づいてきた。ロシアの飛行機をトルコが落としたりして、両国は喧嘩しているはずだったのに、2016年8月9日、急遽《きゅうきょ》、エルドアン大統領がモスクワを訪問しました。それは何かというと、その前の7月15日に起きた、トルコのクーデター騒ぎです。その原因はいろいろ論じられていますが、ギュレンというエルドアン大統領に批判的な宗教家がアメリカにいて、このクーデターの糸を裏でひいていたのではないか、と言われています。おそらくそうでしょう。このギュレンという宗教家の意に沿ったクーデターだったのでしょう。いま、トルコでは、このクーデター未遂に加担したギュレン派の何千人、何万人という軍人や裁判官、警察官がみな追放されているところです。

トルコのエルドアン政権というのは、どちらかと言うとイスラム原理主義みたいなもので、独裁政権なのです。かなり厳しい独裁政権なものだから、アメリカは好ましくないと思っています。アメリカというのは、独裁政権とか何かにはすぐ干渉して、打倒しようとする。だから、エルドアン大統領は、今度のクーデターの背後に、アメリカＣＩＡの画策があるのではないかと見ているわけです。そこで、モスクワに向かったわけです。

その前からアメリカは、世界の警察をやめたと宣言し、中東のＩＳとシリアの問題を、ロシアに任せようという行動を取ってきた。おかげで、ロシアはシリアにどんどん軍事的に進出してきて、空軍基地をつくりました。一番重要なのは、地中海に面したタルトゥスという港です。その港がロシアの海軍基地になってしまった。

先頃、ロシア海軍は、地中海で中国海軍と合同演習をやりました。いままで地中海はアメリカの第5艦隊が睨みを利かせていた。この第5艦隊がＮＡＴＯ加盟国ギリシャも含めた南ヨーロッパの防衛を担当していたわけです。ところが、どんどんロシアが進出して、ＮＡＴ

Oの南のほうが危なくなってきているわけです。

一方、東ヨーロッパでは、アメリカの画策でウクライナ問題が起こった。これは、ヌーランドという国務次官補が画策したものです。彼女はユダヤ人です。これはブレジンスキー元大統領補佐官の系列の人です。ブレジンスキーは、かねてロシアの分割を画策してきました。ヌーランドは、その戦略に沿って行動したものです。結局、ロシアはそれに反撃を食らわせて、クリミア半島を取ってしまった。

かねてアメリカは、ウクライナだけでなく、グルジア（いまはジョージア）にも手を伸ばして、ロシアの影響力を削ぐという形で欧州戦略を実行してきた。それが、いまはすっかり取り返されてしまったみたいな形になった。NATOの一員であるトルコまで、ロシアに近づくようになってしまったのです。

アメリカ陸軍は、いま、ヨーロッパから撤退していますが、兵器だけは置いています。アメリカから見て、いまヨーロッパで一番危ないのがバルト三国です。ラトビア、エストニア、リトアニア。あそこはロシアと国境を接していますから、地上戦が主要な舞台になるわけです。先頃ロシアは、モスクワ軍事パレードで、最新鋭の戦車を展示しましたが、アメリカはそれに対抗できる戦車をバルト三国に配備して、時々合同軍事演習をやっています。しかし、バルト三国は人口の半分ほどがロシア人なのですから、ロシアから圧力がかかれば、いつ何時、またロシアに帰ってしまうかもわからない。
ヨーロッパは、いまそういう状況です。

ISの問題

かつて、9・11事件のあと、ウサマ・ビン・ラディンがターゲットになったとき、アルカイダという言葉が何度も出てきましたね。アルカイダは「基地」という意味です。「基地」という言葉が表すように、ウサマ・ビン・ラディンの支持者たちは、それぞれが点として世界に散らばっていました。

ところが、今度のISというのは、アメーバみたいに、領土というか、支配地域を広げているわけです。しかも、曲がりなりにもそこを統治しているわけです。ISというのは、イスラミック・ステートの略ですね。これはいったい誰がつくったのかは、必ずしもはっきりしていません。モサドがつくったという説もあります。CIAがつくったという説まであります。

いずれにしても、ISの支配地域には、それを統治できる人材がいるのです。それはイラク・バアス党の人たちです。この党は宗教政党ではなくて、どちらかと言うと民族民主主義政党という分類に入れられます。このバアス党がイラクを支配していたわけです。ところが、アメリカのイラク戦争のお陰で、サダム・フセインと一緒に破壊されてしまいました。しかし、多くのバアス党員の軍人、行政官は生き残った。そこへアメリカが、選挙に干渉したりして新しい政権をつくった。サダム・フセイン政権は、多数派のスンニ派政権でしたから、新しい政権は全部シーア派の政権になってしまいました。バアス党の人たち、あるいは、スンニ派の人たちはみんな放り出されることになりました。その人たちが、シリアでISと一緒になっている。この人たちは、もともと行政も管理もできるし、税の徴収もできるし、軍事的な行動も、集団的な統治もできるしということで、まったくアルカイダとは違う組織になったわけです。

アメリカの中東政策は失敗続き

中東情勢がますます複雑化している中で、いままで反目していたアメリカとイランとのあいだで、核合意というのができました。イランが核開発を断念し、制裁が解除されつつある。しかし、イスラエルにとっては、イランの存在というのは常に脅威ですから、これに絶対に反対し、アメリカの要請に抗して、イスラエルは絶対に核開発の放棄はしない。そのイスラエルだけではなく、さまざまな国の反対があったにもかかわらず、オバマはイランと手を結んでしまったのです。あの人も、任期終わりになって、一つのレガシー（遺産）をつくろう、という思惑があったのかもしれません。

これが中東情勢をさらに複雑化しています。この合意に力を得たイランは、イラクのシーア派政権とガッチリと手を結び、さらにその延長線にシリアとも手を結ぶ。

また、アラビア半島先端の辺り、サウジアラビアの湾岸の、石油が出るほうの一般住民というのは、ほとんどみんなシーア派なのです。イランはこれらのシーア派を支持し、アラビア半島にシーア派の力がどんどん広がっているわけです。

本来なら、スンニ派の大国であるトルコとサウジとエジプト、この3か国と、それに加えてシーア派のイラン、この4か国で初めて中東の安定はもたらされるということになっていたのです。この三つの、スンニ派の大国のうち、トルコはアメリカから離れ、イランとの核合意でサウジはアメリカに対して不信感を持っている。

サウジとアメリカはどういう関係だったかというと、ドルの問題がからんできます。

ニクソン政権の時代に、ドルを金《きん》と交換できる、「金本位制」をやめてしまった。そうすると、ドルは金の裏づけのない、ただの紙切れになる。そこで、どうやってドルの信用力をつけるかというときに、当時、ニクソンはサウジの王様と話し合いをして、サウジに対して石油の決済代金をドルでやってほしいと頼んだ。その代わり、サウジの安全はアメリカが全面的に保障するという取り決めを交わしたのです。世界の石油代金が全部ドルで決済されることによって初めて、ドルが世界の基軸通貨になったわけです。

ところが、最近、オバマの時代になって、サウジから石油を買う必要がなくなってきたのです。しかも、シェールオイルが出るようになって、サウジよりもアメリカのほうがたくさん石油を生産できるようになってきた。こういうことになって、サウジは大して重要でなくなってしまった。しかも、サウジのかつての王様が死んで、新しい世代になって、アメリカとサウジのあいだで大きな隙間風が吹くようになってきたのです。

エジプトも、「アラブの春」で、せっかく民主主義政権になった。ここで、言うなれば一種の原理派である「イスラム同胞団」が政権に就いたのです。しかし、またぞろ軍事クーデターが起きて、イスラム同胞団は追放されました。これに対してアメリカはいろいろな形で抵抗を示して、もう軍事援助をしないと言いだした。

そういうことで、イランを除く、スンニ派大国の3か国とアメリカの関係がおかしくなってきた。そこへ、いま、軍事的にも、中東へのロシアの影響力が拡大してくる。さらに言えば、ロシアは、もともとイランとはそんなに悪い仲ではなかったのです。原子力発電や何かについてはいろいろな形で、支援していたのです。

そういうことで、中東におけるアメリカの存在がかなり薄れてきた。そこへ、またぞろイスラエルです。本来、今日の中東問題はイスラエルとパレスチナの対立から生まれました。イスラエルとアラブ・イスラム諸国とは犬猿の仲です。これがまたいろいろ画策を始めているのです。特に、イスラエルにとっては、核開発の疑いのあるイランの存在というのが一番の目の上のタンコブなのですよ。

そのようなことで、中東の情勢も本当に複雑になってきた。オバマ政権の末期になってきて、中東方面に、非常に危機的な状況が生まれ始めているのです。

世界的に見ると、どう見てもアメリカの中東政策は失敗したという感じで、だからこそ、アジアに回帰したのかもしれません。

北極海周辺をめぐる主導権争い

これまでアメリカは、中東とアジアの二つの戦線で同時に戦えるだけの軍事力を維持していたのです。ところが、アフガンやイラクの戦いで出費が増大し、オバマ政権になってアメリカの財政がおかしくなってきたものだから、軍事費の強制的な削減をいまも続けているわけです。原則として、毎年、軍事予算を10パーセントずつカットしていく。アメリカの軍事費は天文学的数字ですから、10パーセントといっても、日本の防衛費約5兆円をオーバーするほどです。つまり、日本の自衛隊に相当する分が毎年どんどん削減されていくという状況です。そこでアメリカは、リバランシングという形で、いまアメリカにとって最も重要なのは、アジア太平洋だということで、アジア太平洋の平和と安定を確保するために、軍事力をアジアに投入することにしたわけです。

それで、アジアの状況はどうかと言えば、中国は軍事力増強でアメリカに抵抗している。しかし、アメリカのリバランシング政策の目的は中国の軍事力に対抗するためだけとは考えられない。それではこのリバランシング政策というのはいったい何なのかということになる。もちろん、北朝鮮もあることはあるけれども、終局的な目標は、アジアの均衡を保つことにあります。その中で一番の鍵は、アメリカと日本、中国との三国関係です。アメリカは日本と中国のあいだでいろいろなことを行っています。時に中国に接近して日本を牽制し、時に日米関係を緊密にして中国に圧力をかける。その日中関係、あるいは、アメリカと中国と日本の関係の中で、一番重要な役割をこれから演じるであろうというのが朝鮮半島です。そこへ、またロシアも来るのですから、状況は複雑にならざるをえません。

ロシアにとって、潜在的に見ると、アジアで一番の脅威は中国なのです。それはそうでしょう。習近平国家主席が「偉大なる中華民族の復興」と言っているのですから。尖閣諸島や南シナ海を声を大にして「これは、もともと我々の領土、領海だ」と言う。しかし、ロシアにとってみれば、アイグン条約（1858年）と北京条約（1860年）で、清朝の頃に、沿海州から樺太、あの辺の広大な中国の領土をみんな取ってしまったのですから安心できません。それは尖閣程度のちっぽけなところではないのです。偉大なる中華民族の復興というのは、なにもアヘン戦争や日清戦争による屈辱を晴らすというだけの問題ではないのです。ロシアだって問題でしょう。

いま中国は、対米戦略上、あるいは対日戦略上、ロシアと事を構えたくないということで、条約を結んでとりあえず領土問題は解決したことにしているのです。しかしこんなものは、いつだって破棄されます。スターリンはかつて言った。「条約というのは破るためにある」と。

現在、シベリアからどんどん人口が減少している。目の前には何億という中国人がうごめいている。シベリアにも合法、非合法に中国人がどんどん進出してきている。そして、「偉大なる中華民族の復興」が強調されている。ロシアにとっては危なくてしょうがない状況です。

また、中国は、日本海、オホーツク海、ベーリング海峡を通って、北極海にも触手を伸ばしているのです。グリーンランドやアイスランドなど、北極海に面している国々といろいろな形で関係を強化しているわけです。これから地球温暖化で北極海の氷が溶けると、ヨーロッパ航路ができるということもあるけれども、最も重要なのは資源の問題です。シベリアも含めて、あの辺りには無尽蔵に天然ガスや石油、あらゆる鉱物資源があるのです。北極からシベリアにかけての、その利権を中国は虎視眈々《こしたんたん》と狙っているということです。

このところ、オホーツク海から千島列島にかけて、ロシア軍のさまざまな活発な動きが見られます。ここを管轄しているのは、いままでは極東軍管区というものでしたが、それはもうなくなって、いまは東部軍管区という名前に変わりました。ロシア軍の東部軍管区はハバロフスクに司令部があって、北方領土からあの辺もすべて管轄しているわけです。

最近、東部軍管区では、極東ロシア軍の航空戦力と潜水艦の装備を更新しています。陸上部隊は大した動きがないのは、必要がないからでしょう。極東ロシア軍は、新しいミサイルだとか、新しい原子力潜水艦だとか、次々と配備しているのです。カムチャッカ半島にペトロパブロフスク・カムチャツキーという軍港があります。これが、かつてはウラジオストックと並んでソ連の太平洋艦隊の潜水艦基地だったのです。そこからストーンと海が深くなるわけです。そこに、SLBMという、潜水艦発射の大陸間弾道弾を持った潜水艦が潜んでいるわけです。いままでは古いタイプの原子力潜水艦しかいなかった。そこへ、いま最新鋭の潜水艦が新しく配備されました。それから、千島列島に地対艦のミサイル基地を設置するとか、いろいろな基地を新しくつくるとか、こういう動きが活発になっています。

かつてこの辺の海域は、米軍の核先制攻撃に対抗して第2撃という形で、大陸間弾道ミサイルを飛ばすところでした。カムチャツカ半島にある軍港から原子力潜水艦がオホーツク海に入って、そこで待機して、一旦緩急あるときは、そこからミサイルを発射するという状況だったのです。日本の海上自衛隊は、アメリカ海軍の要請に従って、オホーツク海をサンクチュアリ（聖域）にするソ連潜水艦の追跡を一所懸命やったわけです。海上自衛隊は、第7艦隊のためにつくられたみたいなものなのですが、主たる目的は、ソ連の潜水艦をキャッチすることとでした。したがって、どこの国の海軍よりもたくさん対潜哨戒機を持っている。

いま、海上自衛隊の目は主として中国海軍のほうに向いていますが、この度、ロシアの新しいタイプの最新鋭の潜水艦が4隻、ペトロパブロフスク・カムチャツキーに配備されることになっています。それは何に対するものか。新たな緊張が高まっているアメリカに対するものだ、と言われていますが、それはもちろんあるでしょうけれども、もっと大きな問題は、中国の動きに対する牽制だという説もある。

このまえ、中国の探査砕氷船「雪竜《せつりゅう》」が、宗谷海峡からオホーツク海を通り、ベーリング海峡を通って北極海へ行った。それに続いて、中国海軍の軍艦が2〜3隻も、同じように北極海へ行ったのですね。それに対してロシアは非常に神経を使ったわけです。中国の軍艦が行くときには、前後にロシアの軍艦がエスコートするような形で監視していた。ですから、ロシア軍による最新鋭潜水艦の配備や新しいミサイル基地の建設は、主として中国海軍に対する牽制ではないかという説です。中国海軍、ロシア海軍は、ときどき合同演習したりしている。それに北朝鮮が加わったりしてもいます。

だから、この辺の国際情勢は一筋縄ではいかない、複雑な状況です。

田中角栄はなぜ失脚したか

ここで、問題を一つ提起したいと思います。いま、石原慎太郎さんが新しい本を書いて、再び田中角栄ブームが起きています。田中角栄さんについては、いろいろな人がいろいろなことを言っています。問題の焦点は、なぜ田中さんは失脚したのかということですが、さまざまな説があります。

これについて、私が一つ、アメリカの消息通から聞いた話があります。田中さんが日中国交正常化をやったのが1972年です。そのしばらくあと、エアフォースワンというアメリカ大統領専用機がありますが、このエアフォースワンに、キッシンジャーと一緒にホワイトハウス詰めの記者が5～6人同乗してどこかへ行ったことがあるそうです。その中に日本の記者は一人もいなかったけれども、私の知っている人が一人いたのですね。その人が私に、「田中さんはなぜ失脚したのかわかりますか」と聞くから、私なりの見立ても話しました。しかし、彼は、「本当の理由は、日中国交正常化ですよ」と言ったわけです。

当時の状況を大づかみに言うと、1972年に、ニクソンとキッシンジャーが北京を訪問しました。その前に、キッシンジャーが何回か中国に秘密訪問をしていて、ニクソン訪中となり、毛沢東主席と会見し、その間、キッシンジャーは周恩来と米中国交正常化について会談をしていました。それが日本で大ニュースになって、テレビにも出ました。私も見ていました。

そのときに、日本はどういう反応を示したかというと、ひとことで言うと、バスに乗り遅れたという反応でした。ですから、急速に日中国交正常化のムードが盛り上がったわけです。そこで、新しく総理になった田中角栄氏が、大平正芳外務大臣と一緒に北京へ乗り込んでいって、さまざまな交渉の結果、日中国交正常化の道筋をつけた。田中さんは、毛沢東にも会いました。そして、一冊の本を毛沢東からもらいました。『楚辞』という古典です。田中さんが読めたかどうか知りませんが、難しい本ですよ、これは。

日本は戦争に負けたあと、中華民国とのあいだで「日華平和条約」を結んで国交を正常化していました。1952（昭和27年）のことです。それは、今の中華人民共和国ではなく、中華民国と結んだものです。その後、中華民国は台湾に逃げて、田中さんが毛沢東と会った当時、台湾に蔣介石の政権はあったわけです。

そこで周恩来は田中さんに対して、日中国交正常化のためには、台湾と国交を断絶して、「一つの中国」の原則を認めろと提案したのです。これが一番大きな問題だったけれども、田中さんはそれを受け入れて、日中国交正常化をあっという間に実現しちゃったわけです。

そのとき、まだ日本には椎名悦三郎というベテランの政治家がいたので、台北でトマトを投げられながら蔣介石と面会して、謝罪をして、事なきを得て、台湾との関係も民間交流の形で継続することになった。そういう形で両方ともなんとなくうまくいったわけです。

それで、田中さんは「一つの中国」を認めるということで、日中国交正常化をやったわけですが、その結果どういうことになったか。中国に日本の企業が大挙して進出したのですね。日中国交正常化は何のためにやったのかというと、戦前からずっと関わってきた中国市場を日本に開放させるためでした。そして、結果的に、中国市場は日本企業の独占するところとなったのです。当時、松下電器とか、トヨタ自動車も進出しました。その後も日本の大企業がどんどん進出し、当時、松村謙三とか高碕《たかさき》達之助とか、かつての日中国交正常化に努力した人たちが健在だったものだから、中国との関係がうまくいったわけですね。

一方、アメリカはどうしたかというと、交渉が難航し、ようやく1979年になって米中

日中国交正常化の道筋をつけて帰国の途につく田中角栄首相（右）。左は周恩来中国首相、後方は大平正芳外相（1972年９月、上海）［時事］

国交正常化が実現しました。日中国交正常化のために、日本が「一つの中国」を認めた。それと同じことを、なぜアメリカはできないのかと、周恩来がキッシンジャーに強要したからです。なぜ日本ができたのに、アメリカは一つの中国を認めることができないのかと。

アメリカ政府は、戦前から、あるいは戦中から、中華民国、蔣介石政権にものすごく援助をしてきました。日本に敗れないためです。軍事援助もやった。しかし、半分とは言わないけれども、三分の一ぐらいは、この援助からのキックバックで、アメリカ議会の議員はみんな中華民国から金をもらっていたわけです。蔣介石夫人の宋美齢女史は、戦中から、アメリカ議会では大変なスターだった。美人で英語も上手い。そういうわけで、アメリカの上下両院は100パーセント台湾支持だった。

そんな状況の中で、台湾を切って一つの中国を認めるなどということは、キッシンジャーとしてもニクソンとしてもできない。そこで、延々と交渉を続けたわけです。結果的に、台湾問題というのは、アメリカの国内法、台湾関係法をアメリカ議会で通すことによって、現状を維持することになりました。アメリカから中華民国に武器の供与もできるという形を取って、やっと米中国交正常化ができた。

しかし、それはもうニクソンは退陣して、新しいカーター大統領になった1979年1月なのです。1972年にニクソンが訪中して、田中さんが訪中して、日中国交正常化は1972年です。米中国交正常化は1979年。これだけの間隔があるわけです。なぜ、そうなったのか。結局、台湾の重要性に対する認識の相違です。エアフォースワンの機中でキッシンジャーは、こんな田舎者（田中角栄）に日本を任せていたら、何をやらかすかわからないと言ったという。「アンプレディクタブル・ガイ」（unpredictable guy）という言葉を使った。「こんな野郎に任せておくと、何をやらかすかわからない」。ということは、具体的に言うと、目先の日中経済関係の復活だけが頭の中にあり、台湾という存在がどれほど重要な位置にあるかということを、田中はまったく認識していないではないかというキッシンジャーの非難です。台湾が中国のものになると、台湾海峡両岸を通る船はすべて中国のコントロール下に置かれることになるのだということがわからないのか。日本は、石油は全部台湾海峡の両岸を通って日本に来る。そこを中国が押さえることになったらどうなるのか。航行の安全、シーレーンの安全が脅かされるのです。これを、いまアメリカが必死になって守っているからこそ日本に船がどんどん来るので、そういうことをまったく無視して、目先の中国市場のことしか頭にない。キッシンジャーはこの田中さんの無知を攻撃したのです。田中さんを失脚させる材料はアメリカはいくらでも持っている。ロッキードであろうと、P3Cであろうと、問題を起こそうと思えばなんでもできた。コーチャンの証言を出して、あとは日本の検察がやったわけです。

要するに、国際問題について、いま言ったような軍事戦略的な問題について、何もわかっていない野郎が日本の総理のままでいたら、これから何をやらかすかわからない。「こんなのはクビだ！」となったわけです。

ことほど左様に、日本の政治家は国際問題、軍事戦略的な問題に無知です。いまでもそうでしょう。日本にとってシーレーンの防衛がどれほど重要なのか。日本という国はどれだけ脆弱なのか。まったくわかっていない。

こんなことはアメリカの政治学者には、すぐわかるわけです。日本にとってシーレーンがいかに重要であるか。このシーレーンが失われれば、必ずや日本は海軍力を増強して、独自でシーレーンを守るようになるだろう。これは、アメリカにとって非常に危険だと。こういう論理になるのです。台湾が中国になったら、どうなるかわかっているのか。これはアメリカの問題ではなく、日本の問題だ、ということです。

ですから、台湾の、軍事戦略上の重要性だけではなくて、経済戦略的な意味も、田中さんにはまったくわからなかった。そういうことでしょう。

シーレーンというのは経済的な問題です。それを守るのが海軍なのです。海軍というのはシーレーンを守るためにあるのです。陸軍は国土を守るけれど、海軍はシーレーンを守るためにあるのです。

安倍とプーチンは何の話をするのか

複雑な東アジア情勢の中で、ロシアのプーチン大統領が来日することが正式に発表されました。安倍さんは、山口県の温泉に招待すると言った。友好的な雰囲気の中でプーチンと話し合いをして、北方領土問題になんとか目鼻をつけたいということでしょう。

ロシアを中心に、中国・アメリカなどの一連の動きの中で、日本の行動は、どういう意味を持つことになるのか。日本がロシアと手を結ぶと、これは中国に対して大きな牽制になることは確かです。しかし、アメリカとの関係はどうなるのかということですね。だから、安倍さんもいろいろなことを考えて行動しないと、またぞろ変なことになる可能性があります。

べつに安倍さんを非難するわけではないけれども、一般的に日本の政治家は、国内の権力闘争については、本当に権謀術数、いろいろなことをやっています。それはそれでいいけれども、こと国際的な問題になると、情けないことに、まったく幼稚な行動しか取れないのですね。

だから、安倍さんは、北方領土というのは、ロシアにとってだけではなくて、アメリカにとってもどういう意味を持っているのか、そこを考えて交渉にあたる必要があるのです。中国のことも視野に入れておかなければなりません。先ほども言った通り、中国も北極海に絡んでいるのですから、変な形でロシアに妥協して、歯舞《はぼまい》、色丹《しこたん》だけ返ってくるだけでいいのか。その辺のいろいろな駆け引きがあるわけですが、もう一度、北方領土や、いまの日ロ関係が、国際的にどういうインパクトを与えるのかをよくよく計算して、日本の立ち位置を定めないといけません。ただただ選挙民のために、山口へ連れていきます。そんなことだけでプーチンと仲良くやってもらっては困るのです。日本人は、プーチンに秋田犬をあげるとか、プーチンは柔道が黒帯だとか、そんなことばかり話題にするけれども。

先ほど話した、田中角栄首相の失脚について、キッシンジャーの逆鱗に触れたからといって一国の首相がクビになるというのも情けない話だと言う人もいますが、それが今日の日米関係の実態だからしようがないのです。日本の安全保障をすべてアメリカに任せている以上は、しようがない。アメリカの国益に反する行動をとる政治家はみな失脚する。

しかし、田中さんのあのロッキード事件のときに、アメリカもやはり慎重でした。コーチャンを訴追しないという、日本の最高裁の「不起訴宣明書」も出ていたのです。その上で、アメリカは初めて決定的な証拠を出してきた。しかも、親米派の三木内閣でしょう。そのときの法務大臣は稲葉修さんで、同じ新潟選挙区で田中さんと犬猿の仲の人です。

じつは、一番大きな問題というのは、ロッキードなどではないのです。P3Cです。あのとき、日本は対潜哨戒機をものすごい高値で買わされてしまっていたのです。その3分の1ぐらいが、日本の政界にキックバックで返ってきていた。

そういう兵器の輸入の場合は、本当にいろいろなカラクリがあって、田中さんも竹下さんも、防衛省関連予算のカラクリの中で、もちろん、日本が払った金だけど、その中から膨大な金をキックバックさせて、それを政治資金に使っていたのですよ。

いま、中国が尖閣になぜ必死になっているかというと、東シナ海を全部取ろうとしているからです。尖閣の小さな島なんて問題ではない。あそこまで中国の領海だよとするためです。南シナ海と同じ論理です。

韓国は、李朝の頃まで中国に朝貢していました。ベトナムでもどこでも、中国の周辺はみな朝貢したでしょう。しかし、聖徳太子の時代から日本だけは中国に朝貢などしていなかった。それどころではない、聖徳太子は、隋の煬帝《ようだい》に対して「日出ずる処の天子、書を日没する処の天子にいたす、恙《つつが》なしや」と書いて、煬帝を激怒させたという記録がある。中国の皇帝と対等の、日出ずる処の天子です。我が国は独立国です。中国と対等ですと言ったのです。中国に対してそんなことを言った国は、アジアのどこにもありません。

それ以来、我々は中国に対して独立国家なのです。そういうことで、アジアでは中国に朝貢していない唯一の国です。したがって、中国の我が国、日本に対する態度は他のアジア諸国とは異なるわけです。

第6章

核廃絶は宗教問題である

「キューバ危機」の再来か?

オバマ大統領は就任早々の2009年4月、チェコスロバキアへ行って、そこで核廃絶の演説をやりました。それに伴って、ロシアとのあいだでいろいろな核兵器削減のための交渉を開始すると言いました。その演説でノーベル平和賞ももらいました。しかし、核廃絶は実際の問題としてはなかなかうまくいかなかったわけです。

結局、ロシアでも中国でもそうですが、いまの段階では、通常兵器では量・質ともにアメリカに太刀打ちできないからです。あるいは、いろいろな軍事技術面でも、アメリカは、中国やロシアの軍事技術を圧倒しています。しかし、例えば、中国はそのことについては一切言いません。むしろ逆に、あの人たちは法律戦や情報戦、心理戦、そういう「三戦」を仕掛けながら、中国の軍事力はすごいのだと、いろいろな形で宣伝しています。しかし、一般的に、アメリカはそんな宣伝に対しては、べつに何とも思っていないわけです。ときどきいろいろな形で反論はしています。中国の軍事費が不透明であるとか、海軍力の増強が問題であるとか言っていますが、いまの段階では、中国は決してアメリカに対しては手が出せない。ロシアにしても、ソ連時代は、核兵器でも通常兵器でもアメリカに拮抗していたけれども、ソ連の崩壊以後、経済的にうまくいかなくなって、通常兵器ではいまだにアメリカに到底追いつかない。

そういう中で、北朝鮮もそうですが、アメリカの通常兵器の優位に対抗できるのは核兵器だけだという考え方が生まれるわけです。特にウクライナ問題で、もしアメリカが通常兵器で攻撃してくるというならば、プーチンは「我々は核兵器を使う」とまで言いました。通常兵器に対しても核兵器を使うと言ったのです。北朝鮮もロシアと同じ立場でしょう。中国はそのことについてひとことも言わないけれども。

いま、そういう段階へ来ているわけです。そして、メドヴェージェフ首相が「いまは、1962年なのか」と発言しました。これは要するに、キューバ危機の再来かということです。核兵器を使うのか、使わないのか、同じような状況に、いまなってきているということです。

それに対して、オバマ大統領がいろいろなところへ行って、核廃絶を言っています。その一つが、広島訪問でした。昨今の新聞に大いに出ているように、オバマ大統領はそろそろ任期が終わる。あと数か月しかない。その中で一つのレガシー（遺産）をつくるために、核の先制使用はやらないと宣言しようとしています。向こうが先制攻撃をしてくればこちらも攻撃するけれども、こちらから進んで核の先制使用はしないと宣言をする方向で、いろいろ検討しているらしいです。それに対して、西ヨーロッパの国々、および、安倍内閣も、核の先制使用をやめるという宣言はしないでほしいと要請したと言われます。日本政府はその報道を後から否定しました。しかし、おそらく言ったでしょう。いわゆる核の抑止力によって同盟国を守るという「拡大抑止」は、その言葉を通俗的に言うと「核の傘」になるのですが、そういうアメリカの核の傘の下にある国々は、こぞって反対しているわけです。

しかし、考えてみると、オバマ大統領は核の廃絶を言ったわけです。広島でもそれを言った。だから、オバマ自身が何を考えているのかよくわからないけれども、いま、オバマ大統領の核戦略というのはいったい何なのだということになるわけです。そういう状況の中で、核兵器の問題というのがいま一番、国際政治の中心的な問題になっています。それは、単に北朝鮮が核実験やミサイル実験をどんどんやって、核兵器の条約に反して拡散をやっているということだけではなくて、いま我々が直面している問題は、本当の核戦争が始まるのではないかということです。

「神に選ばれた民」はホロコーストも辞さない

翻《ひるがえ》って、アメリカは、なぜ広島に核兵器を落としたかということについて、旧約聖書に関係しているという話をしました。

もう一つの問題を言うと、キリスト教にはイスラムのようなジハード（聖戦）はありません。

念のために言っておくと、「イスラム教」というのは言葉としておかしいのです。キリスト教はキリスト教ですが、イスラムは「教」をつけるとおかしくなるのです。なんとなく「イスラム教」と言っている人がいますが、これはイスラムに対する無知を表明しているみたいなものです。普通の日本人はみんな「イスラム教」と言っていますが。

第一に、イスラムというのは何なのか。これは宗教だけではなくて、一般の生活だとか、政治だとか、そういうものをすべて規制するものです。そして、キリスト教のような聖と俗の区別などはありません。すべてがイスラムによって規制されている。

イスラムというのは、直訳すれば、神に対する「絶対服従」という意味です。「絶対服従教」などというのはおかしいでしょう。ですから、「イスラム教」という言葉はないのです。絶対服従というのは、アッラーの神に、無条件に従うということです。これがイスラムという意味なのです。そして、宗教であるばかりでなく、生活の隅々まで浸透し、法律や政治、こういうものをすべて包括するシステムとして機能しているわけです。だから、これを本当に宗教と言えるのか。むしろ、宗教はその中の一つにすぎないということです。

そのイスラムの中に、「神の道のために戦え」という言葉があります。それをジハードと言います。ジハードというのは、「聖戦」と訳されていて、神聖な目的のための戦争というように理解されることが多いけれども、本来、これは「信仰のために努力する」ということらしいのです。努力することには、当然のことですが、その中に戦争も入ってきます。そして、神は「殺せ」と言っているわけです。

ところが、キリスト教の世界には「聖戦」という言葉はありません。しかし、「聖絶」（皆殺し）という言葉はある。神が選んだ民、神が選んだ民族、ユダヤ民族は自らをそう呼んでいます。アメリカなども、我々は神に選ばれた国民だと思っているのです。

神のために、神が選んだ民に与えられた使命のために、さらにまた、神が彼らに約束した土地のために、戦えと、神はおっしゃっているわけです。そして、これに対して抵抗する者は絶滅せよと神は命令しているわけです。

神が人間の堕落にお怒りになって、40日間洪水を中東の地に起こして、これも神に選ばれたノアとその辺の動物だけを船に乗せて、あとはみんな絶滅させてしまった。洪水が終わったときに、ノアは神に対して、生贄《いけにえ》の動物を丸焼きにして、焼き尽くして、煙を神様に捧げた。このお祭のことを「燔祭《はんさい》」というのです。この燔祭という言葉のギリシャ語訳がホロカウトーマ（όλοκαύτωμα）というのです。これがホロコーストという言葉になる。徹底殺戮という意味になるわけです。「聖絶」です。

神に選ばれた民、民族に対して攻撃するもの、これを絶滅せよと言っているわけです。この絶滅は宗教行為なのです。そこには、感情とか、理性とか、そういうものは一切ないのです。気の毒だとか、かわいそうだとか、こういう感情は出てこない。なぜかというと、これは宗教行為だからです。神様のためにやる。その前提にあるのが律法です。神様との約束という形で、神が律法を出した。モーゼの十戒です。それに対して、「私は守ります」と誓う。そうすると、神の加護がある。救いがある。もともと神様と約束したわけだから、その神との約束で、神はこれを絶滅しろと命令されているわけだから、それはもう、神の意思を実行するという宗教行為以外の何物でもないわけです。

それで、皆殺しです。日本に対してアメリカがやったのは、終戦直前の東京、名古屋などに対する空襲です。前にも述べましたが、これはもう、皆殺し以外の何物でもないのです。兵士だけではなくて、民間の男も女も子供も皆殺しです。この無差別攻撃そのものが、まさにそれなのです。それをアメリカはやったわけです。その究極が広島・長崎の原爆になるわけです。

しかも、聖書に出てきたイスラエルの民はユダヤ人ですね。原爆をつくった人たちは、アインシュタインも含めて、ほとんどがユダヤ人です。最初の原爆投下は、ユダヤ人を迫害するナチスドイツに対して行え、とユダヤ人たちは考えたかもしれない。早く開発しないと、ドイツがこれを開発するといった記録も残っています。だから一所懸命開発した。ところが、完成したときにはもうドイツは負けてしまっていた。日本がまだ戦っていたわけです。先ほども言ったように、アメリカの高官の多くは原爆投下に反対したのですが、トルーマンは投下命令を下した。これを推進したのはどういう人か、よく究明しないといけないわけです。アメリカ国民は、アメリカという国が神に祝福されてできた国であると思っている。アメリカという人工国家は、神の命じることをこの地上で実現するためにできた、そういう使命を帯びた国だということです。そのアメリカの行動に対して、これに抗った、日本軍国主義を滅ぼすのは神様の命令に従うということになるわけです。

したがって、そういうことから言えば、アメリカ人の中でそういうことを考えた人たちというのは、これは宗教行為と見ていたと思います。そこにはもう理性も感情も何もない。神の命令どおりにやっただけだ。ということは、原爆の投下に何の反省もないわけです。

戦争を終わらせるためにやったなどというのは、後付けの理由であって、落とした当時は、日本人を全部殺そう、地上から抹殺しようと、そういう強い意志でやったのです。

（アメリカが日本を恐れる最大の理由）

核兵器の問題というのは、裏にそういう宗教的な理由づけが隠されている。もうどうしようもないのです。いくら平和を叫んでも、あるいは、いくら理性的に考えても、いろいろな議論をしても、限界がある。我々は、核兵器の問題について考えるときに、宗教の問題まで踏み込まないといけないと思うのです。

地表での最後の水爆実験が1961年10月、ロシアの北極海の島で行われました。そのときの実験は、地球の地軸を揺るがしたと言われています。水爆というのは、爆発力が上限なしです。北極海で行った最後の地表での水爆実験の威力は、広島・長崎の5000倍もあったのです。それで、これはもう兵器としては使えないということになった。人間の理性で考えれば、そうなるほかはないのです。しかし、いま、しきりにイスラムのほうで、「ジハード」という言葉でIS他の過激派が暴れていますが、同じことが核の問題にしても言える。ロシアのプーチン大統領が何を考えているか知りませんが、プーチンが無神論者ならば、理性でいくでしょう。しかし、ロシア正教とか宗教が前面に出てきたら、どうなるかわかったものではありません。

そういうことをオバマ大統領がきちんとわかって、やはりこれは廃絶しなければいけないと主張しているのか、それとも、便宜的に発言しているだけなのか、そこを見きわめなければなりません。なぜなら、東アジアに関して、いま大きな問題になっているのは日本の核武装だからです。北朝鮮の核というよりは、日本の核武装のほうが問題になっているわけです。

オバマの広島でのスピーチは、日本の核武装をやめさせるということを、日本国民に訴えたと言えます。それに呼応するように、長崎市長も、今年は、核の抑止というより核の廃絶を、と言いました。

オバマは本心で何を考えているかわかりませんが、本当に核の廃絶を考えたのではなく、日本に核武装させないために、日本の世論をそちらに誘導することが、恐らく真の目的だったと思います。

日本が核武装することが中国にとって大変危険だとか、北朝鮮にとって大変なことになるとか、そういうことではなくて、アメリカが日本の核武装を一番恐れているわけです。なぜ恐れているのか。やはり、同じく、聖書の中に「目には目を、歯には歯を」とありますね。報復は正義なのです。こう神がおっしゃっているわけです。日本はアメリカに対して報復するはずだと考えている。日本人はそんなことを考えなくても、アメリカはそう思っているでしょう。だから、日本に核兵器をつくってもらっては困るわけです。何をおいても日本の核武装には反対だと言い続けなければならないのです。

〈使えない核兵器から使える核兵器に〉

もう一つの問題は、いわゆる通常弾頭と言っても、殺傷能力が巨大なものと、劣化ウランとか何かというものを含めて、小型の核弾頭と、どれだけの違いがあるのだということです。つまり、軍事技術の発展が、通常兵器と核兵器とのあいだの差をどんどん縮めているということです。劣化ウランなんか、すでにイラク戦争で使われているわけですし。

ただ、いまのような核兵器の問題というのは、メドヴェージェフの言葉ではないけれども、「キューバ危機」と同じように、現在大きな問題になっている。我々はもっと、核兵器そのものについても知らなければいけない。何度も言うように、我々が知っている核というのは、もう広島・長崎、いまから71年前の知識で終わってしまっているわけです。あるいは、ソ連がやった水爆実験で終わっているわけです。それ以後の、小型化、軽量化というような核兵器の発展について、全然追いついていっていないのです。我々の知識は古いのです。核戦争と言ったら、すぐ広島・長崎を思い出す。しかし、すでに、戦場で使える戦術核兵器というのが開発されているわけです。

核の問題も、常に防御と攻撃があるのですが、日本の場合、憲法の縛りがあるので、アメリカのように、相手を上回る殺傷能力を持つことで睨みを利かせるという発想がそもそもあり得ません。防御でなんとか防ぐという発想しかできない。常に受け身ですね。

日本民族というのはもともと受け身の民族で、それが得意です。これは、日本がどのような自然環境の中に置かれているかということと深く関係しているでしょう。台風が来る。地震が起きる。火山が爆発する。こういうのは、事前に防ぎようがないです。したがって、そういうことが起きたとき、どのようにうまくすり抜けていくか、対処するか。そして、生き残っていくかということを、何千年もやってきたから、それが民族の知恵になってきているわけです。

同じことは、核の問題に対しても言えます。こういう具合にやられたとき、どうするか。抑止力だとか何かというように、受け身の対応しか出てこないのだと思います。

ところが、ヨーロッパの人たち、特にキリスト教世界の人たちは、神がこの地球を、この人間を、この宇宙をおつくりになった。神の意思なのですね。逆に言うと、この世界のようなものは、いつでも神様の意思によって潰れるということが前提になっているわけでしょう。だから、ハルマゲドンとか、地球絶滅とか、すぐそういう発想になる。我々は、この地球がなくなるなどと思っていない。日本の神話を見ればわかります。この世界は何となくできてしまったのです。

そういうことだから、西洋の人たちは、神の意思に従って、この地球を変えようとか、台風をストップさせようとか、人工地震を起こそうとか、こういう発想になってくるのです。日本人から見たら、それこそ神をも恐れぬ所業です。

神様はいろいろなことをおっしゃっています。例えば、マタイによる福音書の中で、「敵を愛し、自分を迫害する者のために祈りなさい」（5章44節）とも言うし、イエスは「私は、平和ではなくて、剣をもたらすために、ここへ来たのだ」（10章34節）とも言う。戦争のため、戦うために来たのだとおっしゃっているのです。

ですから、こっちを取ったり、あっちを取ったりすれば、いくらでも口実はつくれるわけですよ。イスラムも同じです。ムハンマドもいろいろなことをおっしゃっているのだから。

トルコのクーデターは誰が起こしたか

2016年7月15日のトルコのクーデターは誰が起こしたのか。いま、エルドアン大統領はクーデター派を何千、何万人と逮捕しています。刑務所に入りきれないから、収監中の受刑囚を、3万人も超法規的に釈放して、獄舎を空けて、軍人や裁判官や役人をそこに収容するなどということをやっています。いまのところは、エルドアン大統領が強権的に押さえていますが、当然、反旗を翻す人間が出てくるに決まっているわけです。いまだって軍の中にも反対者がいるのですから。

クーデター派のバックに、現在アメリカに住んでいる、イスラムのギュレン師という、坊さんみたいな人がいると言われています。クーデター派に影響を与えている人です。ですから、そのギュレンを返せ、アメリカから帰国させろと、トルコ政府はアメリカに要求していますが、アメリカは人権擁護の国だから、ダメだと言っています。

では、なぜアメリカはギュレン師を匿《かくま》っているのだということになって、いまはだいたい通説として、今度のクーデターは、非民主的な独裁政権であるエルドアン政権を打倒するために、アメリカのＣＩＡが画策したものではないかと言われているわけです。

それに応えるように、中東は、すでにもう地殻変動が起こっている。このエルドアンが、いままで仲が悪かったロシア、プーチンとモスクワで会談しました。それから、エルドアンはシリアのアサド政権に対して以前は反対していたわけです。反体制派に武器を送っていたわけです。ところが、いまはアサド政権とも手を結ぶ。

トルコはスンニ派の大国です。イランはシーア派ですが、そのイランとも手を結ぶ。イランとシリアはいま仲が良いわけです。そのあいだにトルコも入ってしまう。いまロシアは、イランと手を結んでいるでしょう。シリアとも仲がいい。すなわち、ロシア、シリア、トルコ、イランの連合ができてしまった。トルコはＮＡＴＯの一員なのですが、ＮＡＴＯの南ヨーロッパの戦略が、狂ってきたということです。いま中東でロシアの軍事力がどんどん拡大していく。ＩＳなんかそっちのけです。

また、イエメンを舞台に、シーア派を支援するイランと、スンニ派を支援するサウジアラビアが、主導権争いをやっています。シーア派のフーシ派というのがサウジアラビア相手に暴れています。イエメンはサウジの南隣で、そこにイランの勢力が拡大してくることをサウジは非常に恐れているわけです。なぜならば、世界最大の埋蔵量を誇るガワール油田は、湾岸に位置していて、その向こうがイランです。あの湾はペルシャ湾という名前がついているのですからね。

ところが、サウジは王室はスンニ派だけど、湾岸辺りの人々はシーア派が多いのです。それを煽り立ててしまうと、石油地帯がサウジから離れていくわけですよ。そういう事態になるのをサウジアラビアは大変恐れている。

アラビア半島には、宗教的少数派がたくさんいますが、大きく分けるとシーア派とスンニ派の戦いということになるわけです。

さらに、一つの国といっても、いろいろな部族がいっぱいいるものだから、それぞれがみんな関係してくるわけです。

ですから、ISとか、アルカイダとか、そういう動きは、これからも絶対になくならない。ISをやっつけても、また次が出てきます。

オスマントルコ帝国のときは、少なくともスルタンというような人たちが、イスラムという形ですべてあの辺りを押さえていたわけです。そのオスマントルコが第1次世界大戦で崩壊して、途端にいろいろな民族国家ができたわけです。アラブ人でイスラムという国が、いま22ぐらいあります。トルコはアラブ人ではありません。イギリス、フランス、ロシアが組んで、勝手に国境線を引いて国をつくってしまったわけです。

イスラム・アラブの復讐が始まる

第1次世界大戦後からの百年、イスラムの人たち、あるいは、アラブの人たちは、西洋から見ると、まるで二級市民だと見られることになってしまいました。近代化がまったく遅れてしまった。それが今日まで続いている。バカにされているわけです。

ところが、1000年遡ると、あの頃の世界の中心は地中海沿岸です。そこは、みんなイスラムの支配地だった。ムハンマドがイスラムの教えを説いたのが西暦622年です。それ以後、いろいろな王朝ができて、イスラムのアラブ世界が世界の文明の中心になったわけです。

大航海時代と言いますが、航海術もアラブの人たちが考えだした。医学も、哲学も、あるいは美術も、建築も、みんなイスラムです。そして、ヨーロッパで文芸復興というルネッサンスがありました。ギリシャの文明がヨーロッパに伝わった。そこからヨーロッパの発展が始まるわけです。それをギリシャからヨーロッパに伝えたのは、他ならぬイスラムの人たちだったわけですよ。イスラムを経由して文明がヨーロッパに伝わった。ヨーロッパの文明の母は我々だ、そういう自負があったわけですよ。

ところが、この百年のあいだ、中東の人たちはまったくの二級市民でバカにされてきた。なぜかと言えば、自分たちがイスラムというものを忘れていたからだ。イスラムを忘れていた結果、こうなってしまったのだ。こういう反省のもとで、イスラムを再興しようという動きが、百年前にエジプトで始まったのです。それが「イスラム同胞団」というものです。アルカイダもＩＳもみなその流れを汲んでいるのです。

石油といえば、すべてヨーロッパに支配され、アメリカに支配され、イスラムはみんな従属下にあった。こういう状況の中で復権をはかったのが、例えば、ホメイニのイランの革命です。同じ流れの中で起きていることです。

だから、言葉を変えて言えば、いまのトルコのエルドアン大統領は、イスラムの復興ということで、まさにイスラム原理派みたいなものなのです。その前のアタチュルクは、宗教、政治を分離して、軍中心で近代化をやって、ヨーロッパ風の近代国家につくり替えました。それを元に戻そうとしているのがイスラム原理派で、その極端な形がアルカイダであり、いまのＩＳ（イスラム国）であるわけです。

だから、二級市民だとさげすまれて、イスラムがバカにされればされるほど、原理主義は勢いを増してくるのです。

特にインテリです。イスラムの人たちは頭が良いのです。ヨーロッパに留学する人たちは、とりわけ優秀な人が多い。

シリアのアサド大統領もそうです。彼はもともと医者です。ロンドンに留学した、ものすごく頭の良い人です。

このまえ、イランの原子力庁長官のフグシュアという人が日本に来ました。私は、その人に会って話を聞きました。いやいや、こんなに頭が良い人物は、日本にはいないと思いました。頭だけではなく、顔も良くてね。イラン人は、いい顔してますよ。

世界で一番ハンサムが多いところは、どこだか知ってますか？　イランの隣のパキスタンです。パキスタンの南のほうのバルチスタン。そこの男が、世界で一番ハンサムが多い。

そういう人たちですよ。顔かたちも良い。頭も良い。なぜ、自分たちがこれほど差別されて、二級市民としてしか扱ってもらえないのか。パリに行っても、ベルリンに行っても、ブリュッセルに行っても、就職口がない、雇ってくれない。みんな大学に行って、良い成績で学位をとっているのに職につけないものだから、貧困です。こういう人たちがみなＩＳに入ってしまう。

トルコのエルドアンもそうですが、広く言えば、ＩＳやアルカイダも全部、その手の原理主義的な原点回帰なのですね。

イスラムに還れということでしょう。かつて、ムハンマドの時代もそうであったように、民族を超越して、イスラム共同体というのをつくろうではないか。そういう動きです。

人間が生きていく上で宗教はどうしても必要だ

ヨーロッパは、イスラムより先に近代化をやりました。聖と俗を分けました。みんな信仰を同じくする共同体になったわけです。フランスにしてもドイツにしても、カソリック、プロテスタントという共同体をつくりました。ところが、だんだんそういう共同体が崩壊してしまって、教会へ行く人も少なくなって、個人がバラバラになってしまった。

日本でも、多くの人が「私は無宗教だ」とか言っているけれども、元旦になると、なぜあれほど大勢が明治神宮へお参りに行くのか。クリスマスになると、関係もないのに、なぜシャンパンを飲むのか。お盆になると、みなふるさとへ帰るのはなぜか。宗教というのは人間が生きる上で必要なのですよ。3・11みたいな大津波が来る。火山が爆発する。いままで住んでいたところに住めない。そういう人知を超えた災難に襲われたら、誰でも神様の存在にすがりたくなります。

いまは宇宙船に乗って宇宙へ行きだしましたね。宇宙飛行士というのは、ほとんど100パーセント、本当に宗教家になるみたいです。それはそうでしょうね。この無限の宇宙の中で、「本当に、この星は、いったい誰がつくったの?」となるわけです。人間の世界の、人間の思考を超えているのですから。我々はちっぽけな地球の中でこうして生きているけれども、宇宙へ行くと無限でしょう。そうすると、みな宗教家になるのだそうです。「神様」と言うのがイヤな人は、「サムシング・グレート」とか妙な言葉で言い換えていますけれども。

宇宙に行く人も神様に近づくけれど、反対に細かいことの探究をする人たちも神様に近づきます。人間の細胞、遺伝子だとか、あるいは物理学の最先端の研究をしていると、これまた人知を超えた神秘な世界が開けてくる。遺伝子の組み立てを発見した人は、ノーベル賞をもらいました。「こんな驚異的な仕組みを、いったい誰がつくったのか」と、神秘的な気持ちに襲われるのです。できあがったものを発見した人も偉いけれど、そもそもこれをつくった人は、もっと偉いでしょう。人間がつくったなんていうことはあり得ない。そうすると、サムシング・グレートになってしまうわけです。

だんだんそうやって、科学技術が発達するほど、みな神様に近づいていくのです。

ヨーロッパの移民問題は相当に根が深い

私がドイツに暮らしていたのは、1960年代です。今から20年ぐらい前ですか、センチメンタルジャーニーで、私が住んでいたところを再訪したことがあるのです。昔は良い所だったのですよ。周りはみなドイツ人で、白人ばかりでした。

それで行ってみたら、まず、フランクフルトの駅周辺がトルコ人だらけでした。私が住んでいたヴィースバーデンの駅も、当時は静かな駅だったのですよ。ドイツの国鉄、ブンデスバーンというのは、時間も正確で、清潔で、安心でね。それが、そのとき駅に行くと、トルコ人ばかりがたむろしているのですよ。みな失業者です。なんだこれはと思いました。

いまはベルリンの公立の小学校、フォルクスシューレにドイツ人は一人もいない。いや、ドイツ国籍の人はいるけれども、白人の生徒はほとんどいないそうです。ほとんどトルコ人か、東欧の人、中東の人ばかり。

それでは、ドイツがドイツではなくなります。私が「小学校」に入学したときは「国民学校」と言いました。ドイツのフォルクスシューレを真似して名前まで変えたのですね。戦前の日本の小学校はドイツ式に運営されていました。それほど良いシステムだったのです。

フランス革命の精神と、アメリカの独立戦争の精神は同じなのです。いわゆるフリーメイソンという「秘密結社」があります。アメリカの初代大統領がフリーメイソンだったというのは有名な話です。この精神は宗教を重んじるのですが、特定の宗教を国教とするのはダメというものです。というのは、フランスはカソリック教会の力がものすごく強かったものだから、フランス革命では、王室と同時にカソリック教会の権威も破壊する必要があったわけです。それこそ「自由、平等、博愛」という言葉がありますが、博愛というより友愛というのがむしろ近い翻訳です。フランスの三色旗が表す理念ですね。

自由、平等のうち、「自由」というのがものすごく重要です。アメリカもそうだけど、信教の自由です。カソリック教会の規制の下には我々は入らないということです。

それから、特にフランスは移民の流入に寛大だと言われてきました。北アフリカの多くの国はフランスの植民地だったのです。そこでさまざまな戦争をやって、結局、親フランスの人たちが負けたものだから、すべてフランスで引き取ったわけでしょう。それを平等に扱わないものだから、いま、いろいろな問題が起きているわけです。

ドイツの場合はそうではなかった。まあ、戦争に負けたこともありますが、第1次世界大戦まで王室がずっとあった。それで、第2次世界大戦で負けて、戦後、日本と同じようにアメリカの援助もあったのでしょうけれども、経済発展に最大の力を入れたわけです。その結果、ドイツ経済は隆々発展し、労働力が不足してきた。特に西ドイツです。それでどうなったかというと、第1次世界大戦、第2次世界大戦でも同盟国で、非常に仲の良かったトルコ人を労働力として求めたわけです。もちろん、そのほかにイタリア、ユーゴスラビア、近隣の南ヨーロッパの人たちもたくさん、ドイツに働きに来ていました。しかし、トルコ人が圧倒的に多かった。

南ヨーロッパの人は、しばらくドイツにいるとまた帰ってしまうのです。イタリア人は、出稼ぎに来て、またイタリアへ帰る。ところが、トルコの人は帰らない。トルコへ帰ると貧しいままだから。それで、トルコ人がそのまま定着する。子供ができる。すると、本国から両親、あるいは兄弟を呼び寄せる。だんだんコミュニティが大きくなってきたわけです。経済は景気の循環があるから、景気が良いときは仕事がたくさんあるけれど、悪くなってくると首を切られる。また失業者がたむろする。治安が乱れる。そういうところでどんどんトルコ人の人口が増えた。そこへ、今度の中東の難民問題で、まず、シリアの難民と称する人たちが来たわけです。

当初は、シリア人というのは頭が良いし、しかも、逃げてきた人々の最初のほうは、みんな中産階級以上の人たちで、医者や弁護士、その他、ＩＴの技術者たちが来たから、大歓迎だったのです。ところが、その後も、あらゆるところからゾロゾロ来るようになった。

ドイツ人も、毎年大晦日は大騒ぎするのです。年が改まるということで、ニューヨークのタイムズスクエアでやっているような感じで大騒ぎします。それで、２０１５年の暮れに、フランクフルトで、アラブの人たちに、ドイツ人の女の子が集団で強姦されたわけですよ。最初はそれをニュースにしなかった。あとでニュースになって、もうドイツ人は怒り狂って、以来、「もう難民はドイツに入れるな」という空気がどんどん強くなってきている。特に地方の選挙をやると、だんだんそういう右派的な、トランプみたいな人が当選するようになってきたのです。

『帰ってきたヒトラー』という映画が最近公開されたそうですね。ドイツも、いま話したような状況が進むと、独裁政権ができる可能性は十分ありますよ。

第7章

◆

生き残りを賭けた日本の選択

消えた「環日本海構想」

2016年8月末、第6回アフリカ開発会議（TICAD）がケニアのナイロビで開かれ、安倍首相が行って、大いに日本をアピールしていました。TICADのTは東京のTです。この会議は1993年に日本が始めた会議です。日本は、目先の利益を優先する中国とは違う、日本のやり方を宣伝してるわけですが、しかし、日本は、わざわざアフリカにまで行くまでもないのです。なぜ、いまヨーロッパの国々が北朝鮮に入ってきているのかというと、一つは、北朝鮮という国は、国際通貨の点から考えると、世界で唯一の空白地帯であるということです。ドルの経済圏でも、元《げん》の経済圏でもなければ、ルーブルの経済圏でもなければ、円の経済圏でもない。それで、いま北朝鮮は貿易の決済はユーロで行っています。アメリカの目から見れば、ユーロはイコール、ドイツ・マルクなのです。イギリスはそもそもユーロに入っていません。それで、ドイツはなぜ北朝鮮に次々入って行っているのかというと、北朝鮮をユーロの経済圏にしたいのです。アメリカも北朝鮮をドルの経済圏にしたい。しかし、すべての国々が等しく嫌がっているのは、北朝鮮が円の経済圏になることなのです。

かつて、朝鮮半島は日本の植民地でした。逆に言えば、日本は朝鮮半島の宗主国だった。

宗主国日本はハードだけでなくて、ソフトの面においても、いまだに影響が残っています。

1965年、日韓国交正常化が行われたとき、日本から有償無償で5億ドル、民間の資金も入れると総額7億ドルものお金が韓国に行きました。すると、あっという間に、韓国は日本の経済圏に入ってしまった。これを嫌ったアメリカは、日本を追い出そうとして、サムソンや現代《ヒュンダイ》などを米国市場でものすごく優遇した。それで、かつてはニューヨークは日本企業の看板でいっぱいだったのが、いまや韓国企業の看板があっちこっちに見られるように変わりました。早い話、ソニーの看板がなくなり、サムソンやLGの看板になったわけです。車も現代が伸びた。しかし、現代なんて、初期の頃は、ポニーという小さな車が最初の輸出品でした。しかも、韓国でつくっていたのはボディーだけで、エンジンはすべて三菱のエンジンでした。そういう関係だったのですが、いまでは、現代はすっかり大きくなってしまった。それはアメリカが優遇したからです。しかし、いまあまりに大きくなりすぎたから、またいじめられている。ちょうど、トヨタやフォルクス・ワーゲンがいじめられたのと同じです。

いま、ヨーロッパの国々は、北朝鮮にはいくらでも金を貸しています。日本が北朝鮮と国交正常化したとすると、例えば、10兆円の金が日本から北朝鮮に流れていくということになれば、北朝鮮は完全に日本の経済圏に入ってしまいます。そうはさせじと、諸外国が先取りしようとして、ヨーロッパの国々を中心にどんどん北朝鮮に投資しています。北朝鮮の利権はどんどんヨーロッパの国々が取っています。そうなると、日朝国交正常化の暁には、日韓のときと違って、日本は金だけ取られるだけで、なんの影響力もなくなる。それをみな狙っているのです。

北朝鮮がなぜ核を開発しているのかも考えずに、日本が拉致問題だ、核ミサイルだと騒いでいるうちに、日本はすっかり北朝鮮との関係を冷却化させています。しかし、いま北朝鮮が、地政学的にどんな立ち位置にあるのか、よくよく考えてみなければなりません。特に、豆満江の脇にある羅津《ラジン》という港は、特別経済特区になって、北朝鮮は大開発しようとしています。この港は不凍港なのです。だから、昔からロシアは朝鮮半島の港を借りようとして一所懸命です。この羅津からは吉林省も近い、モンゴルも近い。モンゴルにはいろいろな鉱物があるけれど、それを運び出す港がなかったのです。ここを中心に物流を考えれば、北朝鮮を中心に、ロシア、モンゴル、中国、韓国を結ぶ一大経済圏ができる。かつては、日本にも、新潟の人たちを中心にして、環日本海構想というのがあって、こういう一大経済圏をつくろうという計画があったのです。資源は豊富。そこに日本の資本が入れば資金はある。満州から中国人の労働力も十分にある。そうなれば、世界最大の経済発展の中心地がここにできるのです。それを見越していま、ヨーロッパの国々は北朝鮮に来ているのです。

ですから、日本は、アフリカにまで行って活路を求めるみたいなことをする前に、もっと

羅津を中心にした東アジア一大経済圏

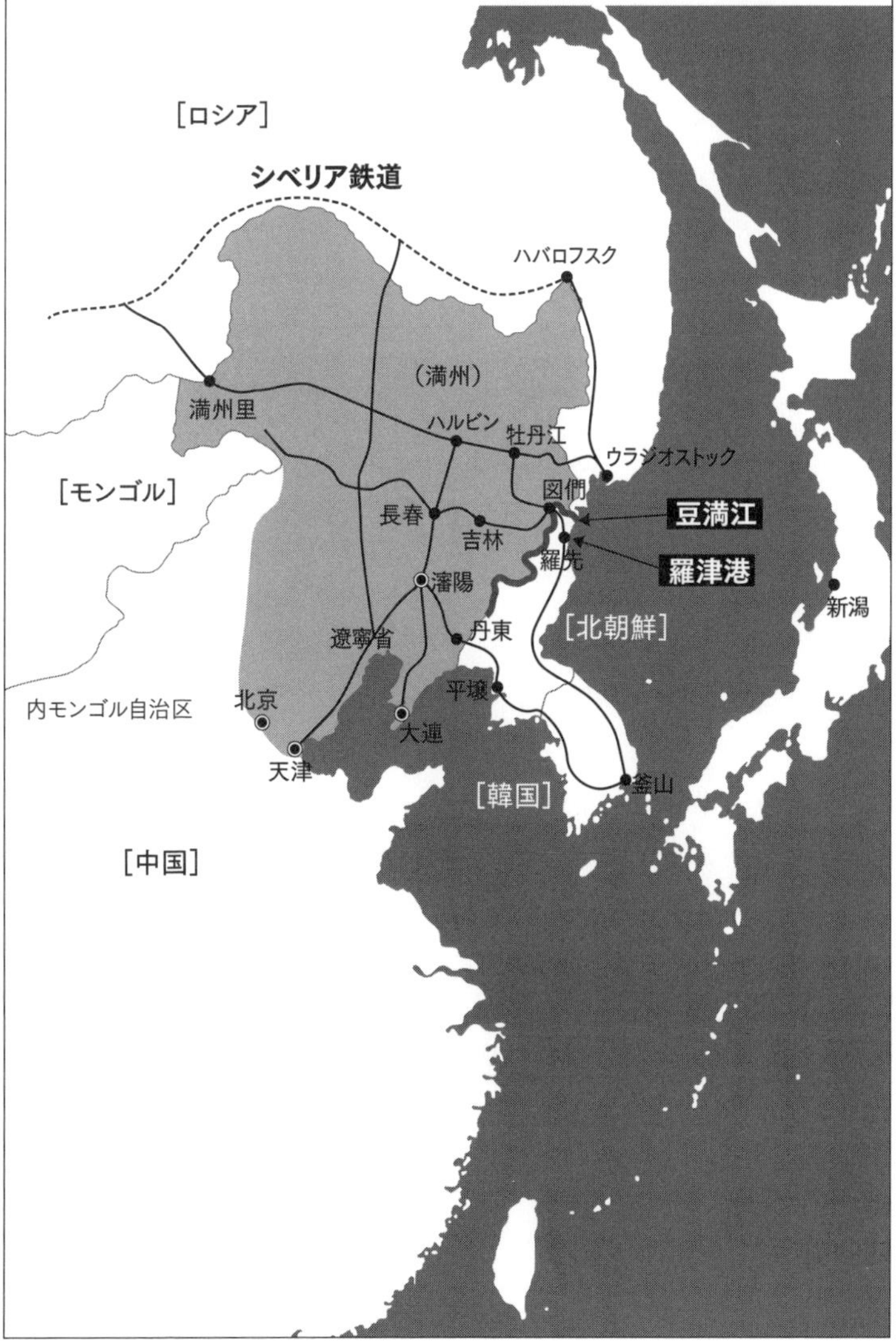

近隣に目を向けるべきです。そこには本当に利権を確保すべきところがあるのです。

日本ほど脆弱な国はない

資源や食料をすべて外国に依存する日本ほど脆弱な国はありません。その日本が、石油や天然ガスなど輸入をストップされるような状況になったら、日本民族の生存に関わる重大な問題になってくるわけです。いま、福島原発事故の影響で停止していた原発が、少しずつ稼働し始めたけれども、それだって、いろいろな妨害があって思うように稼働できない状況です。

原子力発電というのは、本当は日本国民の夢だったのです。第2次世界大戦のときに石油がストップされて、石油を求めて戦争をせざるを得なくなった。プルサーマル計画がまさにそうですが、よそからウランや油を買わなくても、天然ガスを買わなくても、発電ができる。こういうシステムをつくろうではないかと。そのための原子力開発だったわけです。

ところが、ここで「原発はやめた」となると、結局、天然ガスも石油も買わないといけない。しかし、止められたときのことをみんな考えないわけです。口ではときどき言います、食糧安保とか。しかし、前述したように、シーレーンが外国に押さえられては、日本には、何も来なくなる。我々はそんな時代がつい70年前にあったことを忘れてしまったのですね。第2次世界大戦中、アメリカの潜水艦は、日本の貨物船や輸送船を攻撃したのです。最後は満州とか、中国大陸からも、何も来なくなってしまった。これもすべてアメリカの潜水艦にやられたから。津軽海峡も航行できなくなって、北海道にも物資が届かなくなった。

だから、そういうことに備えて計画し、掘ったのが青函トンネルです。北海道は島でしょう。海を封鎖されると干上がってしまう。もし戦争中に青函トンネルができていたら、状況は相当変わっていたかもしれない。関門トンネルはできていましたが。

この青函トンネルに一番関心を示したのは台湾です。台湾は島だから、どこへつなげるか。彼らが一番考えているのは沖縄です。石垣島から始めて島渡りで沖縄本島に達する、という案です。

しかし、台湾の安全をどうやって守るか。日本人もそれをよく考えないといけません。台湾海峡が封鎖され、食糧の輸入がストップすると、みんな干上がってしまうのですから。だから、好むと好まざるとにかかわらず、どこの国であれ、自分の力でシーレーンを守ろうとする。日本も自力でシーレーンを守ることを考える時期です。いつまでもアメリカが守ってくれるわけではないのです。

戦前、いまの南シナ海の、いくつかの島は日本が領有していました。南シナ海の日本にとっての重要性を一番よく知っていたのが、当時の日本帝国海軍です。領有していたその島を、ポツダム宣言によって放棄したのです。放棄したら、台湾が取ってしまった。だから、台湾のものになったのなら、いまは、中国のものだと、中国政府は言っているわけです。

いま、アメリカがシーレーンを守ってくれているのはなぜかというと、じつは日本が強くならないためにです。なにも日本のためにやってくれているのではありません。アメリカの国益のためです。それはどういうことかというと、日本の海上自衛隊がアメリカ海軍第7艦隊に対抗できるようにさせないためです。

いま、海上自衛隊は世界第2位の海軍なのです。アメリカ海軍に対抗できる可能性を持っているのは世界では海上自衛隊しかない。先ほど言ったように、中国は、艦船はいろいろつくっています。海軍力を増強しています。

例えば、尖閣諸島にものすごい数の船舶で海上民兵が押しかけています。中国海軍の軍艦も来ていますね。しかし、本当に戦争となれば、海上自衛隊だけの力でも、一網打尽です。軍事的に見れば何ということはないわけです。ただし、いまの法制の下では、日本は何もできないのです。

中国は本当に戦争するようなことを言ってますが、あれは脅かしです。要するに、自分たちは大国だと、それを誇示しているだけであって、本当の実力があるかどうかはわからない。

駐日大使の程永華を夜中の2時過ぎに外務省に呼び出したと報道されました（2016年6月9日）が、そういうときは、どういう顔をして来て、どんな話をして別れたのか、というところまでは報道されません。実際は、抗議はちゃんと文書を読み上げる。それで抗議されたほうは、「本国に伝えます」と言う。

儀礼的なやり取りだけだと思うかもしれませんが、儀礼的というより、喧嘩です。どこの国でもそうです。

中国駐在の日本大使だって、しょっちゅう夜中に呼び出されるのだから、行かないわけにはいかない。

行かなかったらどうなるか。「国交断絶」です。大使の交換というのは、そのためにあるのですから。断るということは、「あなたとは話し合いをしません」ということです。ですから、中国も、いま日本と国交断絶する意思はない。

危ない橋を渡る安倍外交

２０１６年7月の参院選が、自公の圧勝ということで終わりました。これで衆参ともに与党が3分の2を超えましたから、国会が発議して、憲法改正案を国民投票にもっていこうとすればできる条件は整ったと言えます。

ただ、すぐに憲法第9条を変えるということになっても、どう変えるかについては無数の意見があって、これを集約することは現段階では不可能です。もう少し議論が成熟していかないと憲法改正は無理だと思います。

したがって、とりあえずは、憲法改正のための法規、96条をまず改正することが最初だと安倍さんは言っています。

「第96条　①この憲法の改正は、各議院の総議員の三分の二以上の賛成で、国会が、これを発議し、国民に提案してその承認を経なければならない。この承認には、特別の国民投票又は国会の定める選挙の際行はれる投票において、その過半数の賛成を必要とする。

②憲法改正について前項の承認を経たときは、天皇は、国民の名で、この憲法と一体を成すものとして、直ちにこれを公布する。」

この、いまの条文では、条件がきつすぎて、事実上、憲法は改正できないことになっています。ですから、例えば、「衆議院の多数で憲法改正の発議ができる」とかいうことに変えて、いつでも、状況が変わってくれば対応できるようにと、手続法である96条を変えようということでしょう。

この96条を、まず改正する。そして、いろいろな環境変化に素早く対応して憲法を改正できる状況に、まず持っていくべきであるというのが、どうも安倍さんの意見らしい。すぐ憲法9条の改正とか、緊急事態法だとか、あるいは、例えば、２０１６年8月の天皇の生前退位のご発言によって、憲法第1条だって問題になってくるし、そのほか、天皇に関するいろいろな条項がありますが、これも天皇の御意思にはなかなか沿えないような条項になっているから、これも問題になる。

現行の憲法の全体を眺めると、個人主義というのをものすごく強調しているわけです。個人の尊厳を高らかに謳っています。「すべて国民は、個人として尊重される」と第13条にもあります。しかし、それは、日本本来の社会のあり方とは違います。アメリカみたいに完全に個人主義で、子供がハイスクールを出れば、もう全部自立して、親からお金なんかもらわない。全部アルバイトでやっていくというような国とは、日本はちょっと違うわけです。日本社会の場合は、まだそんなに個人主義の訓練ができていないのです。個人主義というのは、すべて自分の責任でやっていくわけでしょう。だって、日本では何か問題があれば、それは「親が悪い」とか「社会が悪い」とか「国が悪い」とかすぐに言いだす国でしょう。そんな中で、「すべて自分で勝手にやりなさい」と言っても実情に合わないのです。

安倍さんが考える憲法改正の方向は、アメリカが望むところではないと思います。アメリカは、いまの日本国憲法がいいのです。バイデン副大統領がこのまえ言ったばかりです。バイデン副大統領は、「我々が書いた日本国憲法によって、日本は核兵器を持たないように、持てないようになっている」と言った。これは大変な発言なのですよ。現職のアメリカ副大統領が、「日本国憲法は我々が書いた憲法だ」と認めたのです。

日本国憲法はアメリカが書いた憲法だ、いやいや、日本が自主的につくった憲法だとか、幣原喜重郎《しではらきじゅうろう》がこう言ったとか、誰があぁ言ったとか、あるいは、形の上では、これは帝国憲法の改正だということになっているのだからとか、日本国憲法の成立をめぐってはおびただしい量の議論がありました。ところが、それをバイデン副大統領が「我々が書いた憲法だ」と、はっきり認めてしまったのです。

安倍さんは、そういう意味では、アメリカが望むことを目指していない。意外に危ない橋を渡っているのです。

アメリカは、現実の国際政治をやる上で、自分たちの国益のために日米同盟を強化し、さらに日本がアメリカに従属する状況を続けていきたい。そのために、日本の自衛隊が米軍の指令に沿ってこれまでより動きやすくなるための法整備は歓迎する。しかし、そこまでです。それ以上の日本国憲法第9条の改正など望んでいません。それは、日本が自立すると、再び軍国主義の方向に行くと信じているからです。そういうアメリカの意志を知ってか知らずか、安倍さんはこのところ表向きには忠実にアメリカに従っているように見えます。しかし、心の中はわかりません。

国際政治は暴力団の恫喝と同じ

例えば、今度、安倍首相がロシアに行ってプーチン大統領と会談しました（2016年9月2日、ウラジオストック）。そして、ロシアからプーチン大統領が来日することが決定しました。この来日が実現すると、いまの東アジアの情勢に対して大変大きなインパクトを与えることになると思います。単に対米関係だけではなくて、中国との関係から見てもそうです。ロシアが、潜在的に東アジアで一番恐れているのは、中国の脅威なのですから。

アジアで、今日の習近平主席が言っている「中国の夢」、つまり「中華民族の偉大なる復興」が実現されることになれば、かつて清朝時代、沿海州を含む広大な土地をロシアに取られてしまったという、それに対する恨みを中国は忘れていない。その意味では、ロシアは、いま尖閣に対して中国がどんな論理で来ているのかということについて、非常に注目しているわけです。これはすぐ自国に跳ね返ってきますから。

いま中国は、第2次世界大戦後の国際秩序を日本は守れと主張しているのです。我々もポツダム宣言で明確には言っていませんが、日本は台湾を中華民国に返すということを前提にやってきた。しかし、ポツダム宣言で放棄した日本のかつての領土というものは、なにも台湾に返したわけではないし、尖閣はその中に入っていない。

さらに言えば、中国は「尖閣は台湾の領土だから、我々の領土だ」と言っているわけです。「一つの中国」だから。それで、我々日本は、尖閣は台湾のものではないと言わなければならない。ここは沖縄のものだから、ずっとアメリカの施政権の下にあった。沖縄が日本に復帰したとき、アメリカはその施政権を日本に返したのだから、いまは尖閣に対する施政権は日本のものと主張するべきなのです。日本が治めているところは日米安保条約が適用されるというのが、アメリカの論理です。

中国は、第2次世界大戦のポツダム宣言によって、日本は台湾と同時に尖閣も放棄したのだと言う。その帰属先は、ポツダム宣言ではっきりさせていないけれども、事実上、これは中華民国政府のもので、台湾の現政権もその立場である。だから我々のものだと中国は言っているわけです。

そういう中国の言い分を、ロシアはずっと見ているわけです。

中国の主張こそ、まさに国際法に基づいたものです。ところが、一方で中国は、南シナ海の問題ではまったく国際法無視で領有権を主張している。中国はいったい何を考えているのだと言われるゆえんです。

2016年9月2日、ロシア・ウラジオストックで開かれた東方経済フォーラムを前に首脳会談に臨む安倍晋三首相とウラジーミル・プーチン露大統領［SPUTNIK＝時事通信フォト］

そういう中国の法律戦の動向を、ロシアは極めて注意深く見ています。もちろん、それは北方領土の問題とも絡んできます。アイグン条約とか北京条約でロシアが清朝から奪ってしまった領土はどうなるのだということにもなります。それは、ロシアと中国とのあいだで、例のダマンスキー島などを含めて、国境を確定したから中ロ間に領土問題はないという形になっていますが、それが、いま「偉大なる中華民族の復興」などということになると、将来どうなるかわからない。それで、当面は戦術的な問題として、いまロシアと事を構えると中国は孤立するので、ロシアと手をつないでいるだけです。その心配がなくなればどう出てくるか。

そこで、いま、安倍さんがプーチンと手を結んだということになってくると、中国は心穏やかではないですね。

ちょうどサンフランシスコ条約締結のときです、日本にいたイギリスの外交官が、本省への報告の中で、北方領土の問題の帰属についてはペンディングにしておく。そのほうが、今後、英米にとって有利な状況をもたらす。なぜならば、日ロ間に問題が永久に続くのだから、と書いていています。日ロの関係は、北方領土問題が紛争の種になって、戦後71年も経っているのに、いまだに日ソ平和条約は結ばれていないのです。

北方領土について、歯舞、色丹の帰属だけで解決しようとしたのは、鳩山一郎首相です。それに対して、当時のアメリカのダレス国務長官が、そんなことをしたら、沖縄を返さないと言いだしたのです。いわゆるダレスの恫喝として大変有名なことですが、日ソが平和条約を結ぶのなら、沖縄は永久に返さないと言った。北方領土問題の解決をこうやって断念させられて、平和条約を結べなかったのです。

暴力団の恫喝と似ています。国際政治なんて暴力団同士の切った張ったと同じなのです。国境を接し隣り合っている国というのは、とにかく相互に一番警戒するし、一番恐れるのですね。ですから、中ロのあいだでも、いまは手を結んでいるけれども、何らかの拍子で活断層が動きだすと、大地震が起こる。国境というのは大変なんですよ。いつなんどきおかしくなるかわからない。

ただ、ロシアもさるものだから、ロシアとの協調路線に乗ると、虻蜂取らずになるかもしれない。しかもアメリカからは怒られる。だから、安倍首相のプーチン大統領接近に対して心ある人は、北方領土問題は「慎重に、慎重に」と言っているのです。しかし、そんなことでは北方領土問題は永久に解決しないのは言うまでもありません。

（了）

◉著者について
菅沼光弘（すがぬま みつひろ）
東京大学法学部卒業後の1959年、公安調査庁入庁。入庁後すぐ、ドイツ・マインツ大学に留学、ドイツ連邦情報局（ＢＮＤ）に派遣され、対外情報機関の実情の調査を行う。帰国後、対外情報活動部門を中心に旧ソ連、北朝鮮、中国の情報収集に35年間従事。対外情報の総責任者である調査第２部長を最後に1995年に退官する。現在、アジア社会経済開発協力会を主宰しながら、評論活動を展開する。著書に『この国を呪縛する歴史問題』『この国を脅かす権力の正体』『この国はいつから米中の奴隷国家になったのか』『この国の不都合な真実』『この国の権力中枢を握る者は誰か』（以上、徳間書店）、『日本を貶めた戦後重大事件の裏側』『誰も教えないこの国の歴史の真実』『日本人が知らない地政学が教えるこの国の針路』（以上、ＫＫベストセラーズ）、『戦争を作り報道を歪める者たちの正体』（ヒカルランド）、『北朝鮮！「世界核戦争」の危機』（ビジネス社）などがある。

アメリカが今《いま》も恐《おそ》れる
軍事大国《ぐんじたいこく》ニッポン

緊迫《きんぱく》する東《ひがし》アジア核《かく》ミサイル防衛《ぼうえい》の真実《しんじつ》

●著者
菅沼光弘《すがぬまみつひろ》

●発行日
初版第1刷 2016年11月10日

●発行者
田中亮介

●発行所
株式会社 成甲書房

郵便番号101-0051
東京都千代田区神田神保町1-42
振替00160-9-85784
電話 03(3295)1687
E-MAIL mail@seikoshobo.co.jp
URL http://www.seikoshobo.co.jp

●印刷・製本
株式会社 シナノ

Printed in Japan, 2016
ISBN978-4-88086-347-4

武士道
日本人であることの誇り

岬 龍一郎

「サムライのごとく美しく生きよ！」。新渡戸稲造『武士道』の現代語訳者であり、国家公務員初任研修の講師を務めた著者が、今こそ見つめ直す私たち日本人のアイデンティティー。今日でも私たちは日常会話で「彼はサムライだ」といった表現を使っている。こうした会話に登場する「サムライ」とは、不正を許さない正義漢とか、筋をまげない信念の持ち主とか、決断力のある果敢な性格とか、責任感の強い人とか、肯定的な評価として使われる。ということは、現代人のわれわれのなかにも武士道の誇り高き残燭が残っていることを証明するもの、といえはしまいか。その崇高なる精神は過去の遺物どころか、今日にあってもなお、日本人が外国人に誇りうる美的精神だといえる。日本人は「人間の芸術品」である——歴史の様々な場面に登場する武士道の精神をあますところなく発掘し、世界に誇るべき日本人の心象を追究する書……………………好評既刊

四六判◉定価：本体1600円（税別）

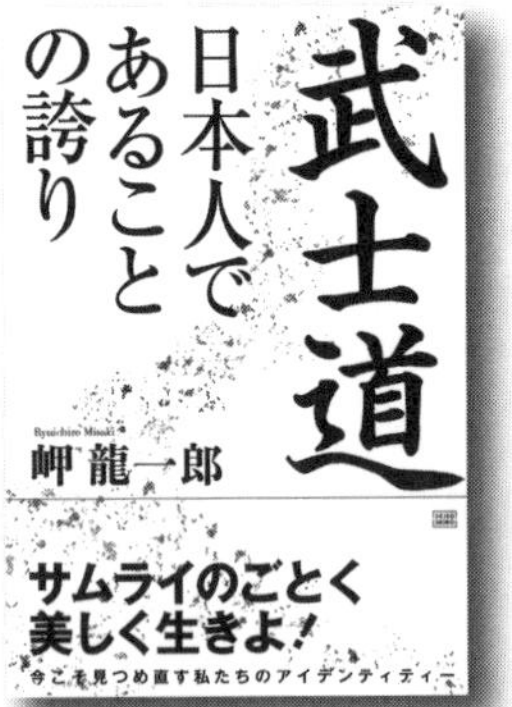

◉

ご注文は書店へ、直接小社Webでも承り

成甲書房の異色ノンフィクション